A Photographic Guide ; Amphibians and Reptiles in Japan

# 決定版 日本の両生爬虫類

写真・解説：内山りゅう・前田 憲男・沼田 研児・関 慎太郎

平凡社
HEIBONSHA

# 目次



## 両生綱 AMPHIBIA

### 有尾目 CAUDATA



### 無尾目 ANURA

**Topics**

# 爬虫綱 REPTILIA

## カメ目 TESTUDINES



## 有鱗目 SQUAMATA

# はじめに

南北に細長い島国である日本は、じつに多様な生物相を見せる。両生類・爬虫類もさまざまで、特に温暖で湿潤な環境の琉球列島系の種類が多く、亜熱帯性のものまで見られる。なかでも爬虫類での種の分化は著しく、島嶼ごとに異なる種が生息することもある。また両生類もわが国固有の種が高い割合を占め、これも地域ごとの分化が著しい。

一方、最近、各地でカエルやカメなどが減少しているというニュースが聞かれる。それは、これらの生物が環境の変化に敏感なことを物語っており、それゆえ環境の指標種ともなっていることを示している。このことは、日本版レッドリストにじつに多くの両生類や爬虫類が含まれていることでもよくわかるだろう。

本書は、このような状況のなかで、できるだけ多くの日本の両生類・爬虫類を収載した写真図鑑をつくろうと企画したものである。

本書に掲載されている写真は、著者たちが膨大な時間をかけて撮りためてきたものと、本書のために新たに撮り下ろしたものによって構成されている。1種類の動物の1カットを撮るために何年もかかった例もある。夜行性のものが多く、きわめて臆病なもの、産卵期以外はまったく姿を現さないものなど、撮影対象としては写真家泣かせの動物たちである。夜中に一晩中歩き回っても、1匹に出会えるかどうか、ましてやその瞬間に撮影できるかどうか、いつも強い“運”を味方に付けなければならなかった。まったく手ぶらで帰らざるを得ないことも少なくなかった。しかしその甲斐あって、ようやくある程度のまとまりをもった図鑑に結集することができた。

しかし近年の学術研究の成果はめざましく、遺伝子レベルでの解析も進みつつある。それにともない、いままで同一種と考えられていたもののなかに、じつは遺伝的にはかなり離れているものがあったり、亜種レベルでの分化が起こっていたりすることがわかってきた。今後も新たな研究により分類が改められ、名称が変わったり新種として記載されたりするものが出てくるだろうが、現時点での最新の情報をできる限り取り入れ、編集に当たったつもりである。

人為的な移入種の問題もある。本書の制作中にも、アフリカツメガエルのオタマジャクシが発見されたという情報が入ってきた。カミツキガメの例もそうだが、これらの外国産種はペットとして飼育されていたものが逃げ出したり、飼育者が遺棄したものである。在来種への影響は計り知れないものがあるので、今後も、安易な行為によって帰化種が増えないことを祈りたい。

本書が多くの方々の目にとまり、両生類・爬虫類の魅力が少しでも伝わり、さらに環境問題についても考えていただくきっかけとなったら幸いである。

2002年8月　　著者一同

## サンショウウオ類

### 成体・幼体

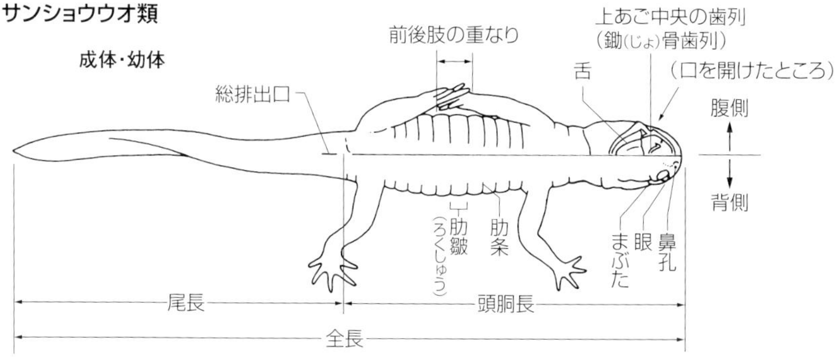
上あご中央の歯列
(鋤(じょ)骨歯列)
前後肢の重なり
舌
(口を開けたところ)
総排出口
腹側
背側
肋皺(ろくしゅう)
肋条
まぶた
眼
鼻孔
尾長
頭胴長
全長

### 初期幼生

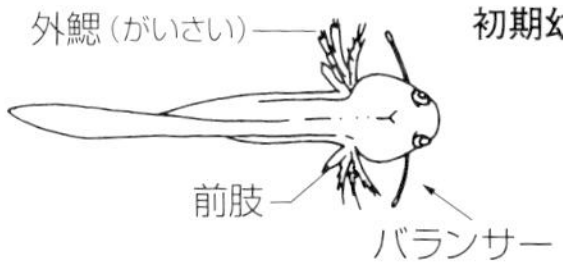
外鰓(がいさい)
前肢
バランサー

## カエル類

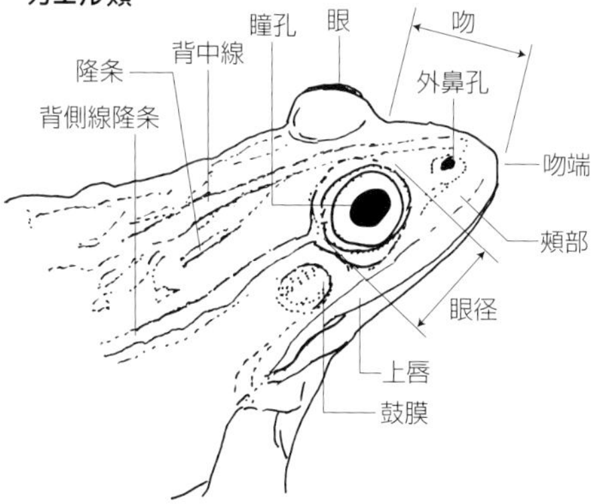
瞳孔
眼
吻
背中線
隆条
外鼻孔
背側線隆条
吻端
頬部
眼径
上唇
鼓膜

## カメ類

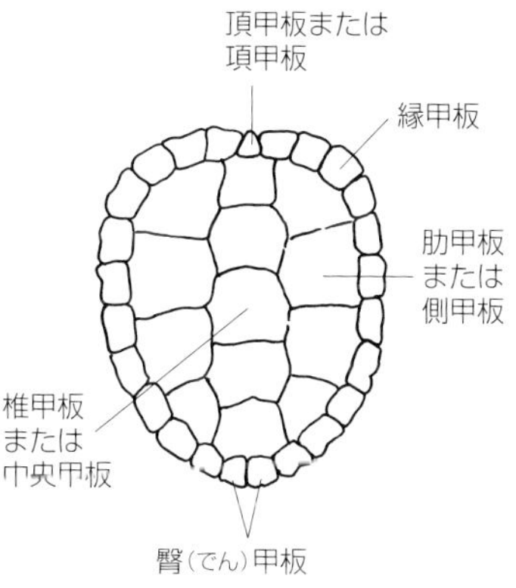
項甲板または
項甲板
縁甲板
肋甲板
または
側甲板
椎甲板
または
中央甲板
臀(でん)甲板

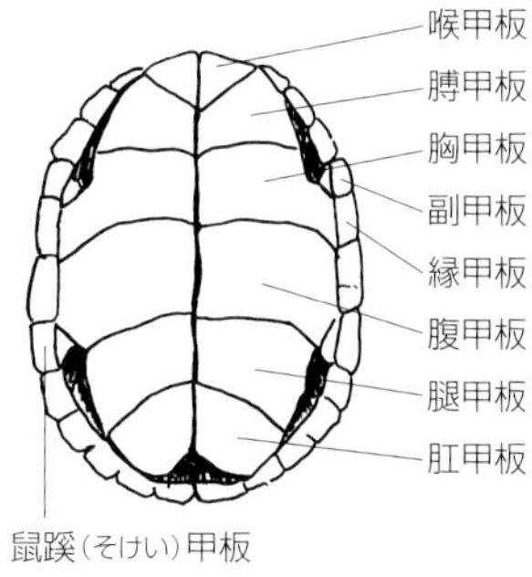
喉甲板
膊甲板
胸甲板
副甲板
縁甲板
腹甲板
腿甲板
肛甲板
鼠蹊(そけい)甲板

## トカゲ類

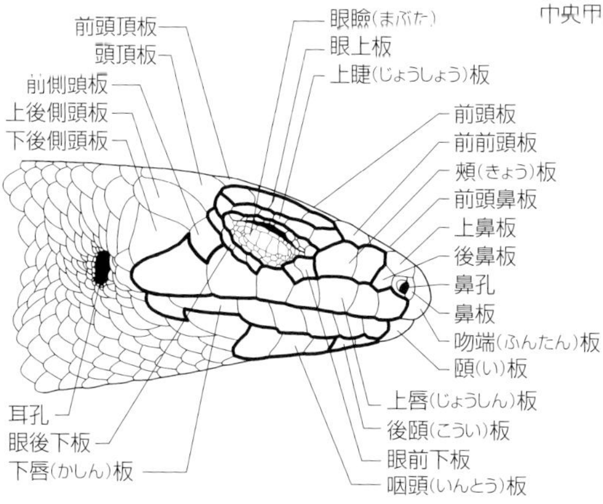
前頭頂板
頭頂板
前側頭板
上後側頭板
下後側頭板
眼瞼(まぶた)
眼上板
上睫(じょうしょう)板
前頭板
前前頭板
頬(きょう)板
前頭鼻板
上鼻板
後鼻板
鼻孔
鼻板
吻端(ふんたん)板
頤(い)板
上唇(じょうしん)板
後頤(こうい)板
眼前下板
咽頭(いんとう)板
耳孔
眼後下板
下唇(かしん)板

# 凡例

## ■分類・構成について

- 分類とその順序については、基本的に『日本動物大百科５　両生類・爬虫類・軟骨魚類』（平凡社）に拠っているが、写真構成の都合上、掲載順を変更した部分もある。
- 第６刷では2008年改訂の日本産爬虫両生類標準和名にしたがった。

## ■各ページの見出しと解説について

- ページ上部の帯は目ごとに色分けし、目（亜目）名、科名、科の学名の順に表記した。見出しには種の和名、学名、英名、漢字名を記した。漢字名については巻末に掲載した参考文献などに基づいている。
- 大きさについては、各動物種によって「全長」「甲長」「頭胴長」などわかりやすい表記・表現を採用した。また単位についてもmmとcmを併用している。
- カエル類については「鳴き声」をカタカナで表記したが、観察者によって聞こえ方に差異があり、文字による表記が困難であることを了承願いたい。
- 形態的に似ている種がある場合には、識別のポイントを記した。幼生、幼体、成体によって間違いやすい場合も示している。ただし原則的に、同所的に存在する可能性のあるものに限った。また表現の都合上、「特徴」のところで説明した場合もある。
- 各項目の文末に、環境省のレッドリストに掲載されている種については該当するカテゴリーを付記した。第６刷では2006年改訂にしたがった。
- 本文の執筆は、有尾目は沼田研児、無尾目は前田憲男、カメ目とヘビ亜目は内山りゅう、トカゲ亜目は関慎太郎が分担して行った。

## ■写真キャプションについて

- 掲載した写真は、フィールドで撮影したものを優先しているが、捕獲されたもの、飼育されているものを撮影した場合もある。それらには「飼育個体」「～産」「水槽」などと明記した。ただし外国産種については、ほとんどが飼育個体なので省略した。
- 原則として撮影月と撮影地を記したが、撮影地については、個体数の少ない貴重なものや天然記念物に指定されているものもあるので、県名までにとどめた。島嶼の場合はその名称のみとしている。種分化の著しい南西諸島の名称については「南西諸島地図」を掲載したので参照されたい。
- 撮影者は以下の通りイニシャルで示した。（アルファベット順）

M：前田憲男　N：沼田研児
S：関慎太郎　U：内山りゅう

Ka：亀崎直樹　Ma：松尾公則
Mm：松本千枝子　Mi：宮脇逸朗
Ms：増永元　Ot：太田英利
Sa：佐藤寛之　Tu：塚越香
Ya：山崎幸一　Yn：矢野維幾

## ■外国産種について

- 外国産種は、比較の意味をこめて、わが国で見られるものの近似種と同じ科もしくは同じ属のものに限って掲載している。

## ■わかりやすい識別点について

- 巻末に掲げたこの項目については、本文での解説と重複している場合もあるが、あらためて特徴を示す写真とともに掲載したので利用いただきたい。ただしここでも原則的に、同所的に存在する可能性のあるものに限っている。

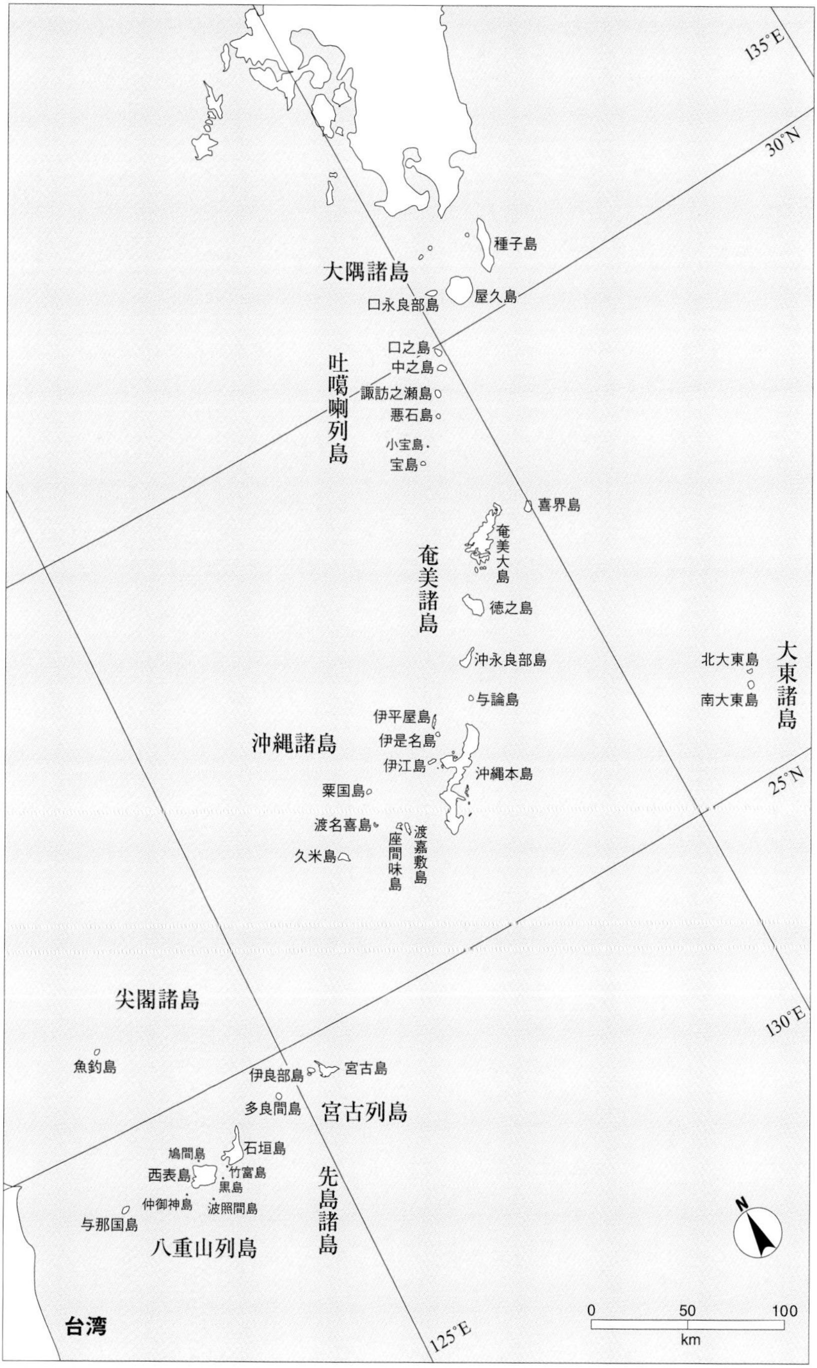
135°E
30°N
種子島
大隅諸島
屋久島
口永良部島
口之島
中之島
吐噶喇列島
諏訪之瀬島
悪石島
小宝島・
宝島
喜界島
奄美大島
奄美諸島
徳之島
沖永良部島
北大東島
大東諸島
南大東島
与論島
伊平屋島
伊是名島
沖縄諸島
伊江島
沖縄本島
粟国島
25°N
渡名喜島
渡嘉敷島
座間味島
久米島
尖閣諸島
130°E
魚釣島
伊良部島
宮古島
多良間島
宮古列島
鳩間島
石垣島
西表島
竹富島
黒島
先島諸島
仲御神島
波照間島
与那国島
八重山列島
N
台湾
125°E
0
50
100
km

# カスミサンショウウオ

**学名** *Hynobius nebulosus* **漢字名** 霞山椒魚
**英名** Clouded salamander

カスミサンショウウオの雌　12月　島根県（N）

**大きさ**　全長60～130mm

**分布・生息環境**　西日本の止水性サンショウウオの代表的な種で、本州の鈴鹿山脈以西に広く分布する。壱岐島、五島列島にも生息。丘陵や平野部を中心に、水田地帯にも多く生息し、人家に隣接した場所でも見られる。落葉の下や瓦礫の下、腐植土の中に潜んで生活しているため、人目に触れる機会は少ない。活動は主に夜間。

**特徴**　体色は淡灰褐色～暗黄褐色で、淡黒色の小さな斑点を有する場合もある。尾の上下両縁に黄色の条線を有するのが一般的。分布域の広さからか体長や産卵時期などに差異が大きい。和歌山県下では70mm前後のものが多いが、長崎県下からは130mmほどの個体も見つかっている。産卵期も和歌山や島根県沿岸部では12月だが、その他の地域は２～３月に集中する。産卵は他のサンショウウオと同様に基本的に夜、１対の卵嚢を水中にある木の枝、落葉、草などに産み付ける。卵嚢はバナナ状、または小さく巻いたひも状で透明、しわがある。１つの卵嚢には30～80個の卵がある。孵化した幼生は止水性サンショウウオの特徴であるバランサー（平衡桿。左右に小さく突き出た突起物）を一時期もつ。

**類似種との識別**　九州に生息するオオイタサンショウウオはカスミサンショウウオに比べ全般的に大きく、体色も緑が強い。尾には黄色の条線がない。卵嚢も大きく、しわがないなどで区別することができる。東日本に生息するトウキョウサンショウウオは体長こそほぼ同じだが、体色はやや暗く尾の黄条線がない。また卵嚢はバナナ状で、巻いたひも状にはあまりならないし、しわもない。ただし、東海地方に生息するオワリサンショウウオといわれるグループとの明確な差はあまりない。最近の研究により本種と確認された。　〔絶滅危惧Ⅱ類（VU）〕

高地型と呼ばれる個体　4月　広島県（S）

数匹が固まって越冬する　12月　和歌山県（N）

産卵時、1匹の雌に数匹の雄が集まる　1月　滋賀県産（S）

卵嚢の下で泥の中から顔を出す雄　12月　島根県（N）

雄と卵嚢。透明で巻いたひも状の卵嚢にはしわがある。産卵に加わった雄は産卵後もしばらくはとどまり、次の雌の出現を待つ。雌は産卵後すぐに陸上に戻ってしまう　12月　島根県（N）

全長30mmほどの幼生。口に入りそうな動くものには何にでも反応する　3月　和歌山県（U）

すでに尾には黄条があり、カスミサンショウウオの特徴を見せている幼体　8月　島根県（N）

# トウキョウサンショウウオ

**学名** *Hynobius tokyoensis* **漢字名** 東京山椒魚
**英名** Tokyo salamander

トウキョウサンショウウオの雄は産卵期には早めに水中に入り雌を待つ　2月　東京都(N)

**大きさ**　全長80～130mm

**分布・生息環境**　関東地方（群馬県を除く）から福島県相馬地方にかけて分布する止水性サンショウウオだが、主な生息域は関東地方で、かなり狭い範囲に生息している。標高300m以下の丘陵地や低山の雑木林などで生活。山間の自然公園などの池、山間の水田や湧水、小さな緩い流れの沢とその周囲に生息。

**特徴**　体色は背が淡灰褐色～暗褐色で、腹は淡い色になる。全体的に青白色の細かい点が密に分布する。尾には黄色の条線がない。産卵期は多くが2～3月だが、千葉県などの温暖な地域では1月に産卵する。産卵は夜が普通だが、薄暗い林の中では昼も行う場合がある。基本的には、水中にある枝、落葉、草などに産み付けるが側溝のコンクリート、小石などにも産み付ける。卵嚢はバナナ状で透明、表面はつるつるしている。1卵嚢中の卵の数は20から100個を超えることもある。孵化した幼生は止水性サンショウウオの特徴であるバランサーをもつ。

夏までには幼体となり上陸する。比較的身近な地域にすむサンショウウオだが意外に知名度は低く、休耕田の乾燥化、宅地開発、雑木林の喪失などにより成体の生息場所が狭まっている。

**類似種との識別**　北関東から福島県下では同じ止水性サンショウウオのトウホクサンショウウオやクロサンショウウオと分布域が接するが、混生はしていない。また標高的にも本種のほうが低いところに生息している。卵嚢は前記2種と明らかに異なるので間違うことはない。また幼生についても、尾に大きな黒い斑がないことで区別できる。しかし、非繁殖期の成体や幼体での区別はつきにくい。

〔絶滅危惧Ⅱ類（VU）〕

腹に卵をもっている雌　2月　東京都（N）

産み付けられた卵嚢を抱いて放精し、受精させる雄　3月　茨城県（N）

水田ではこのようなかたちで卵嚢を見かけることが多い　3月　東京都（N）

トウキョウサンショウウオの顔（U）

## ★トウキョウサンショウウオの発生

受精卵 4月（U）

嚢胚期を経て神経胚となった（U）

尾芽が形成された尾芽胚期（U）

左：産卵からおよそ2週間が経過した卵嚢（U）
上：外鰓が発達した幼生。泳ぎでるまで、あとわずか（U）

外鰓が目立つ。外鰓と眼の間にあるのがバランサー（U）

3週間経過。泳ぎだした直後、まだバランサーがある（U）

泳ぎでて1か月、水中の小動物を食べて育つ幼生（U）

外鰓が吸収され、上陸した幼体（U）

# Topics バランサー（平衡桿）の役割

小型サンショウウオには、大きく分けて、池や沼、水たまり、緩やかな流れのよどみなどに産卵する止水性サンショウウオと、流れのある沢の上流部に産卵する流水性サンショウウオがある。

止水性サンショウウオのトウキョウサンショウウオ、カスミサンショウウオ、エゾサンショウウオなどの幼生には、バランサー（平衡桿）といわれる棒のような突起物がある。これは同じ有尾類であるイモリの幼生にもあり、えらが十分に発達するまでの間にだけ見られるものだが、その役割についてはまだ十分にわかっていない。

しかし、孵化したての幼生はまだうまく泳げず、水たまりの中をあちこち漂うように動き回る。そのためバランサーは体を真っ直ぐに保つための器官といえるだろう。私たちも、たとえば片足で立ったときにバランスを保つため、両手を広げて上下にぐらぐらと動かしたりするが、それと同じことと思われる。

いっぽう流水性のヒダサンショウウオやブチサンショウウオなどの幼生には、このバランサーはない。彼らは泳ぎ回らずに、石の間で流されないようにじっとしているといったほうがよいだろう。そして、より激しい流れの中で生活する幼生には、指先に爪が付いている。

この幼生時の形態の違いが、サンショウウオの種類を見分けるときの手掛かりになることもある。

エゾサンショウウオの幼生。止水性サンショウウオにはバランサーがある（N）

卵嚢から出た直後のヒダサンショウウオの幼生。流水性サンショウウオにはバランサーがない（U）

産卵場付近のトウキョウサンショウウオの成体（M）

オタマジャクシを捕食する幼生。特に食欲旺盛な頃（U）

# ［オワリサンショウウオ］

★現在はカスミサンショウウオに統一された。

［オワリサンショウウオ］3月　愛知県（N）

**大きさ**　全長100mm前後

**分布・生息環境**　東海地方に分布するサンショウウオ。生息域は名古屋市から知多半島・渥美半島にかけて。岐阜県南部にも生息するらしい。

**特徴**　本グループはカスミサンショウウオの分布域東端である鈴鹿山脈のさらに東に分布し、トウキョウサンショウウオに分類されてきた。しかし分布域の連続性がなく、愛知県を中心に孤立して分布している。そのため一時オワリサンショウウオとして分類された。ところが最近のさまざまな研究によれば、カスミサンショウウオとして扱うのが妥当と判断され、正式に確定された。しかしカスミサンショウウオそのものの分布域は非常に広く、いろいろなタイプがあるので、さらに今後の研究がまたれるところだ。

体色は淡灰褐色または暗褐色。産卵期は2～3月。卵嚢はバナナ状で透明。1卵嚢中の卵の数は20～50個である。

［オワリサンショウウオ］の顔（N）

名古屋市内では身近な地域にすむサンショウウオといえるが、宅地開発、雑木林の喪失などにより生息場所が狭まり、個体数の減少につながると考えられる。

**類似種との識別**　関東にはトウキョウサンショウウオが生息するが、本グループの分布とは隣接していない。

〔絶滅危惧Ⅱ類（VU）〕

［オワリサンショウウオ］3月　愛知県（N）

木の枝に産み付けられた卵嚢。中の卵の数が多いが、これは成熟した雌が産んだものと思われる　3月　愛知県（N）

まだ若い雌の卵は数が少ない　3月　愛知県（N）

もうすぐ孵化がはじまる卵嚢の中の幼生。バランサーが見える　4月　愛知県（N）

# ツシマサンショウウオ

**学名** *Hynobius tsuensis* **漢字名** 対馬山椒魚
**英名** Tsushima salamander

産卵期のツシマサンショウウオの雄。体色がやや黒っぽく、尾が平べったくなっている 3月 対馬（N）

**大きさ** 全長90～130mm

**分布・生息環境** 長崎県対馬の固有種で、上島・下島両島に生息している。平地にも山地にもすみ、小さな枝沢で水量もあまり多くないところで見られる。生活の場は沢沿いの林床、林縁、苔の下などで、沢の近くでも乾いた草原などには生息していない。

**特徴** 体色は暗黄褐色あるいは暗赤褐色。黒褐色の斑点があるが、散らばり方は一様ではない。雌雄の違いはあまりないが、雄は全体的に黒っぽく、雌はどちらかといえば明るい体色のものが多い。尾には黄色の条線があり、尾の先端に向けて紫黒色となっている。

産卵期は3～4月上旬。小さな沢の源流部に近い穏やかな流れや伏流水の中などで産卵する。石に直接産み付けるが、大きな石の下などでは複数の雌がほぼ同時に産卵をする場合もあり、いくつもの卵嚢がしっかり付いていることがある。卵嚢はバナナ状。表皮は厚く丈夫で、薄い青または緑がかった光沢がある。1卵嚢中に10～40個の卵がある。カスミサンショウウオに近縁と考えられており、幼生はバランサーをもつ。しかし、産卵場所、卵嚢などは流水性のサンショウウオの特徴をもつ。越年する幼生も多いので、産卵をする沢では一年中幼生を観察することができる。ただし、幼生も基本的に夜行性で、他のサンショウウオ同様、昼は石の下などに隠れているので観察するには石を持ち上げるか、夜になって沢に入るかになるだろう。

**類似種との識別** 対馬に生息する唯一のサンショウウオ。体色に関しては他のサンショウウオ同様個体差があり、模様の出かたによって、オキサンショウウオ、ヒダサンショウウオ、ブチサンショウウオ、ベッコウサンショウウオなどの渓流性サンショウウオに似る個体が出現することもある。 〔準絶滅危惧（NT）〕

繁殖期には小川や沢、その周辺で多数の成体が活動している　4月　対馬（M）

明るい体色の雌。尾には黄条がある　4月　対馬（N）

ツシマサンショウウオ幼生。小さな沢の石の下にいることが多い　5月　対馬産（S）

水に流されないように石にしっかりと付着されている卵嚢　3月　対馬（N）

大きな石を持ち上げると、その下には卵嚢とともに多数の雄雌が次の産卵のために集まっていた　3月　対馬（N）

# オオイタサンショウウオ

**学名** *Hynobius dunni* **漢字名** 大分山椒魚
**英名** Oita salamander

オオイタサンショウウオ。産卵期には体色がもう少し黒ずむ　7月　大分県（N）

**大きさ**　全長110〜170mm
**分布・生息環境**　大分県を中心に分布するが、隣接する熊本県のごく一部と高知県足摺岬付近にもいる。丘陵地・低山・雑木林・竹林などの中にある池や、その近くのごく緩い流れの小川、林に接する水田などで産卵する。標高は、大分県で50〜500mがほとんど。
**特徴**　比較的大型の種類で、体色は淡い黄褐色または濃い緑がかった褐色で、個体によっては黒褐色の斑点を散らしたものもいる。尾には黄色の条線がない。

産卵は多くが2〜4月で、1対の卵嚢を水中にある枝、落葉、草、石などに産み付ける。表皮は薄く、少し長めのバナナ状、または巻いたひも状で透明。表面はつるつるしている。1卵嚢中には30〜70個の卵がある。大きな卵嚢なので見つけやすい。孵化した幼生は止水性サンショウウオの特徴であるバランサーを一時期もつ。ほとんどが夏までに幼体となり上陸するが、場合によっては越年幼生となることもある。

繁殖期の雄は尾がひれ状となり、これはアベサンショウウオほど顕著ではないが、他の止水性サンショウウオよりは幅広い。繁殖期には体色がやや黒ずむが、非繁殖期には緑がかったきれいな色をしている。他のサンショウウオ同様、繁殖期以外の行動についてはまだよくわかっていない。
**類似種との識別**　止水性の種で分布域が近いのはカスミサンショウウオだが、本種のほうが一般的に体が大きく、全体的に緑がかっている。体の割合からすると四肢が長く、よく発達している。尾に黄色の条線は現れない。本種の場合は卵嚢も大きく、巻いたひも状になる場合が多いので区別することができる。

〔絶滅危惧Ⅱ類（VU）〕

オオイタサンショウウオの顔（U）

大きく巻いたひも状の卵嚢。表面に条線はない　3月　大分県（N）

幼生　5月　大分県産（S）

比較的大きな幼体。体色が緑がかっているので、他種の幼体と区別できる　9月　大分県（N）

# ホクリクサンショウウオ

**学名** *Hynobius takedai* **漢字名** 北陸山椒魚
**英名** Hokuriku salamander

ホクリクサンショウウオの雄。雌に比べてくびの部分が太く、尾も平べったくなっている 2月 石川県（N）

**大きさ** 全長90～110mm

**分布・生息環境** 北陸地方の石川県と富山県に分布。特に能登半島を中心とした地域に生息している。能登島にも生息。山の中腹から山麓にかけての、きれいな湧水が緩やかに流れる場所の近く、倒木の中、落葉、苔の間などにいるが、場所によっては海岸近くの道路際の雑木林にも生息する。

**特徴** 体色は普通背面が茶褐色か黒褐色で、腹部は灰白色。尾には黄色の条線がない。雌の背には小さな黒点が点在している個体が多い。トウホクサンショウウオとアベサンショウウオとの中間的な特徴をもっている。

産卵期は1月下旬～4月上旬だが、2～3月にかけてが最も多い。しかし同一地域内においても日当たり、湧水の温度などの条件によりずれがある。産卵は夜間、1対の卵嚢を水中にある枝、落葉、草などに産み付ける。卵嚢は巻いたひも状で透明。1卵嚢中には30～70個の卵があるが35個前後のものが最も多い。

ホクリクサンショウウオの幼生。湧水のある泥池や溝の落葉の下にいる 6月 富山県産（S）

孵化した幼生は止水性サンショウウオの特徴であるバランサーを一時期もつ。

**類似種との識別** 前述したように、本種はトウホクサンショウウオとアベサンショウウオとの中間種として位置付けられている。成体は個体変異が多いので種別が困難な場合もあるが、卵嚢によって種の確認は容易である。卵嚢の縦条がはっきりしていないのが本種で、横条はない。対してアベサンショウウオ、トウホクサンショウウオはともに横条がある。

〔絶滅危惧ⅡB類（EN)〕

腹に卵をもっている雌。まもなく産卵　2月　石川県（N）

腹が見えているのが雌で、卵嚢を付着させて産み付ける。雄は卵嚢を抱いて受精させる　2月　石川県（N）

止水性サンショウウオの場合、卵嚢はこのように見かける場合が多い　2月　石川県（N）

左・右：卵嚢を拡大してみても横条はない。卵嚢の中で発生が始まっていく　2月　石川県産（N）

# ［ヤマサンショウウオ］

★現在はハクバサンショウウオに統一された。

［ヤマサンショウウオ］ 5月 富山県（U）

倒木に産み付けられた卵塊 5月 富山県（S）

落葉の下にいる越冬幼生 5月 富山県産（S）

**大きさ** 全長82～107mm

**分布・生息環境** 北アルプス北部の西側、岐阜県北部や富山県の山地に分布。ハクバサンショウウオと似た環境に生息。

**特徴** 北アルプスの東側に生息するハクバサンショウウオとほぼ同じような特徴をもっている。

産卵期は多くが4～5月だが、雪解け後の産卵になるため、冬の降雪量によって多少前後する。産卵は夜が普通だが、深夜に及ぶことはあまりない。1対の卵嚢を水中にある枝、落葉、草などに産み付けるが、泥の中での産卵が多く、外からはよく見えない。1卵嚢中には25～33個の卵がある。孵化した幼生の多くは秋に変態し上陸する。

**類似種との識別** 外見的には、形態・体色ともにハクバサンショウウオとほぼ同じである。本種のほうがやや大きい程度。成体では区別がつきにくい。

本種は研究の結果、ハクバサンショウウオと確定した。〔絶滅危惧ⅠB類（EN）〕

## Topics　サンショウウオを見る季節

サンショウウオはひっそりと生活している。夜行性で鳴くこともなく、非常に目立たない生き物である。かれらは、林床部の落葉の下、朽木、岩の下、苔の間などで昼間はじっとしており、夕方から夜にかけて活動する。したがって私たちが普通に山や沢に出かけていっても、サンショウウオの成体に出会うことは、ほとんどないはずだ。

サンショウウオを見ることができるのは、多くは産卵期に限られる。というよりも産卵期にしか見ることができないといったほうがよいだろう。産卵期には、かなりの数の成体が一か所に集まり、集中的に産卵を行う。これは止水性のサンショウウオで特に顕著な行動で、エゾサンショウウオ、クロサンショウウオなどでは十数匹がひとかたまりとなって産卵をすることがある。こういうときは昼間でも成体を観察することができる。夜ならばさらに観察しやすく、タイミングがよければ産卵シーンも見られるだろう。しかし、この成体も産卵が終わると間もなく山に帰ってしまう。

止水性のサンショウウオの多くは、このように産卵期には卵嚢も比較的たやすく見られるのだが、ブチサンショウウオやヒダサンショウウオのような流水性サンショウウオになると、成体はおろか卵嚢さえも通常は見ることができない。かれらの産卵は、大きな石の下、あるいは伏流水の中で行われるので、とても尋常では見られないのだ。しかし幼生に関しては、非常に発見しやすい。源流部に近い小さな沢の、少し流れのよどんだところの石の下などには、流水性サンショウウオの幼生を見ることができるだろう。流水性サンショウウオの幼生の多くが越年するため、こうした沢には一年中いるからだ。また、雨などで増水したときなどには、かなり下流のほうまで流されるようだ。この幼生も夜行性で、日が落ちると、石の下から出てくる。これは懐中電灯で観察しやすい。

サンショウウオの卵嚢のうち最も見る機会が多いのはクロサンショウウオのものだろう。湿原の池などで、白く大きな卵嚢がよく目立つ　5月　栃木県（N）

まだ雪の残る湿原の浅瀬で見つけたクロサンショウウオの卵嚢　3月　富山県（S）

# ハクバサンショウウオ

**学名** *Hynobius hidamontanus* **漢字名** 白馬山椒魚
**英名** Hakuba salamander

抱卵するハクバサンショウウオの雌　5月　長野県（N）

**大きさ**　全長80～100mm

**分布・生息環境**　長野県北部、白馬地方のごく限られた地域のみに分布している。枝沢の源流部に近く、流れが緩やかになった付近の林縁や湿地帯などで生活している。

**特徴**　背面は紫がかった褐色の地色で、淡黄色の小さな斑点が密分布している。腹面には全体に青みがかった灰白色の小さな斑点がある。横から見ると不規則な斑紋があり、尾には地衣状斑紋をもっているのがわかる。ブチサンショウウオあるいはトウホクサンショウウオにちょっと似ている。

産卵期は４～５月だが、雪解け後ということもあり、その年の降雪量によってずれる場合がある。産卵は夜。湿地や緩い流れの中の枯れ枝などに産むが、多くは泥の中での産卵なので観察は難しい。卵嚢は巻いていて透明、明瞭な条線はない。１卵嚢中に30～80個の卵がある。

幼生は湿地の中で成長し、多くは11月までに変態上陸するが、一部は翌年の７月以降に上陸する。産卵場近くの湿地では繁殖期以外でも成体が見つかることもあり、行動範囲はそれほど広くない。

**類似種との識別**　前述のようにブチサンショウウオあるいはトウホクサンショウウオに似た体色の個体が現れるが、一般的に本種のほうが体が小さい。また生息域が全く異なるほか、卵嚢には縦横の条線をもたないので容易に区別できる。しかし、ごく近縁と思われるヤマサンショウウオとの明確な差はない。

以前はヤマサンショウウオと別種扱いをしていたが、統一され、ハクバサンショウウオとしての分布域が広がった。

〔絶滅危惧ⅠB類（EN）〕

ザゼンソウの咲くまだ残雪の湿原に現れた成体
4月　長野県（M）

ハクバサンショウウオの雄　5月　長野県（N）

卵嚢には縦横の線条がない　5月　長野県（N）

地衣状の斑紋をもつ幼体　5月　長野県（S）

## Topics 止水性と流水性の区別

小型サンショウウオを、大まかに、止水性サンショウウオと流水性サンショウウオに区分する場合があるが、これは成体の生息環境ではなく、幼生の生活環境からきていると考えられる。

止水性サンショウウオの場合、産卵場所については、たしかにたまり水で、水深のやや深いところで産卵するものが多いが、トウキョウサンショウウオでも山間にすんでいるものは、小さな沢の流れに産んでいるし、トウホクサンショウウオも沢で産む場合がある。しかしいずれも、幼生は止水といっていいようなよどみで生活している。

いっぽう流水性といわれるサンショウウオの産卵場は、ほとんどが小さな枝沢の源流部、もしくは伏流水の中である。ここは水量もそれほど多くはなく、流れも決して速くはない。しかし孵化した幼生は流されて、水量のあるところ、いわゆる流水で生活をすることになる。したがって、さらに流されないように体を支えるために、指先に爪をもっていることが多い。

# アベサンショウウオ

**学名** *Hynobius abei* **漢字名** 阿部山椒魚
**英名** Abe's salamander

産卵池近くにいた雌雄のアベサンショウウオ　12月　京都府（N）

**大きさ**　全長80〜120mm

**分布・生息環境**　京都府および兵庫県北部、福井県南部のごく限られた一部にのみ分布する。生息環境は人家近くの平地、丘陵地にある雑木林内や竹林の林床が多く、思いのほか身近なところにいる。

**特徴**　成体の背面は一様に暗褐色、腹面は灰青色で一面に青白色の斑点でおおわれている。止水性サンショウウオの雄は繁殖期になると、尾がひれ状になるものが多いが、本種の雄にはその特徴がより顕著に現れる。

産卵期は11月末〜12月下旬。林縁にある湧水や水たまり、人工的な溝、また山の斜面から自然水の流入がある環境などで産卵が行われる。卵嚢は細長いひも状で透明、表面には縦のはっきりした条線と、あまりはっきりしない横線がある。1卵嚢には20〜40個の卵がある。

孵化した幼生はバランサーをもち、夏までには幼体となり上陸する。幼体に限らず成体でもあまり移動せず、産卵場からさほど離れずに生活しているようだ。

アベサンショウウオは緩やかな流れのある湿地に産卵することが多い　1月　福井県（S）

**類似種との識別**　流水性サンショウウオであるヒダサンショウウオが近くに生息するが、生息域は全く異なっている。他の止水性サンショウウオとは混生していない。比較的近くにすむカスミサンショウウオは体色がどちらかといえば黄色っぽく、尾の上下の縁も黄色である。また卵嚢の形態も異なる。

〔絶滅危惧ⅠA類（CR）〕

アベサンショウウオの幼体。生息地で見つけた個体だからこそアベサンショウウオだといえるが、そうでなければ判断しにくい　12月　京都府（N）

普通は泥の中や穴の中に産卵するので、このように卵嚢が見えるのは珍しい　12月　京都府（N）

アベサンショウウオの幼生　3月　京都府（N）

繁殖期の雄は、尾が顕著にひれ状となる　12月　福井県（S）

# トウホクサンショウウオ

**学名** *Hynobius lichenatus* **漢字名** 東北山椒魚
**英名** Tohoku salamander

トウホクサンショウウオの雄。4月になると栃木県下では産卵期も終わりに近い　4月　栃木県（N）

**大きさ**　全長90〜140mm

**分布・生息環境**　東北地方に広く分布。新潟県、群馬・栃木両県の北部にも生息。山麓の平地から標高数百mの丘陵、山地の林床部、湿地帯に生息するが、1500m以上の高所でも確認されている。

**特徴**　体色は背側が暗褐色または黒褐色で、個体によってはほとんど無地のものもある。多くは淡い色の斑点がある。腹側には灰白色で微小な褐色の点が密に分布する。

産卵期は多くが3〜4月だが、高山帯では雪解け後の産卵となるため、5〜7月のことがある。産卵は、山間の緩やかな流れ、湧水、わずかな水の流入のある浅い池、湿原の中の池塘などで行う。卵嚢は透明な緩く曲がったひも状で、縦条・横条のしわがある。比較的柔らかく、雨で水量が多くなった沢では卵嚢がちぎれて流れ出すこともある。1卵嚢中には20〜50個の卵がある。孵化した幼生は止水性サンショウウオの特徴であるバランサーを一時期もつ。越年幼生も多い。

産卵場所となる林の中の沢　4月　栃木県（M）

**類似種との識別**　分布域はクロサンショウウオと重なるが、本種のほうがやや流れのあるところに産卵する場合が多く、たまり水に産卵することはあまりない。成体はクロサンショウウオのほうが大きい。卵嚢は明らかに異なるので区別はつきやすい。幼生についても、本種は尾がなだらかに細くなり先端は黒いが、クロサンショウウオの尾は幅広く、不規則で大きな黒い斑があるので区別できる。ただし若い幼体については、区別するのは困難である。〔準絶滅危惧（NT）〕

腹に卵をもつ雌。産卵がすみ、しばらくすると雄との区別は難しくなる　3月　栃木県（N）

トウホクサンショウウオの卵嚢。石に産み付けたもの。水中の枝に産卵することもある　3月　栃木県（N）

卵嚢中に幼生が見える。卵嚢のしわは種類の確認に重要なポイントとなる　3月　栃木県（N）

湿原の地塘の中で見かけた幼生　5月　福島県（N）

止水性サンショウウオの幼体は似たような体色であることが多く、本種とクロサンショウウオの幼体との区別は難しい　4月　栃木県（N）

# クロサンショウウオ

**学名** *Hynobius nigrescens* **漢字名** 黒山椒魚
**英名** Japanese black salamander

産卵池に向かうクロサンショウウオの雌。腹に卵をもっている 3月 茨城県 (N)

**大きさ** 全長120～180mm

**分布・生息環境** 東北地方、北関東、中部地方北部、福井県北部まで広く分布し、平野部から亜高山帯にかけて生息する。佐渡島にも生息。東北地方ではトウホクサンショウウオと生息域が重なる。普通は山地の林床部の落葉、倒木、石の下などに潜んでいる。

**特徴** 比較的大型の種で、体色は背面が暗褐色または緑っぽい黒褐色で、個体によっては褐色の斑点を散らしているものもある。黄褐色の不規則な斑紋や、青白色の小点があるものなど、非常に変異がある。腹面は灰色か暗黄褐色で、微細な褐色の点を密分布していることが多い。

産卵期は融雪期とほぼ一致するが、分布域が広く平地から高山まで生息しているため、2～6月と幅がある。産卵場として主に池や沼、水田、沢のよどみなどが使われるが、森林や湿原が隣接していることが必要である。止水性で群れをなして産卵する。1対の卵嚢を産むが、本種の最大の特徴は一目でわかる特異な卵嚢にある。透明な外層と乳白色の内層からなり、全体にぶよぶよしているので、他のサンショウウオの卵嚢のように掴むことはできない。内層は卵が見える程度の薄い色の場合もある。1卵嚢に普通30～40個の卵があるが、この値も変異が大きく、一般的に標高が高くなるほど卵の数は少ない。孵化した幼生はバランサーをもつ。夏までには幼体となり上陸するが、幼生のまま越冬するものもいる。

繁殖期以外の成体は、落葉、倒木、岩の下、腐葉土の中などに潜み、クモや小型の多足類（ヤスデなど）、昆虫類、甲殻類、ミミズなどを捕食している。天敵はテンやイタチ類である。また繁殖期には水辺に集まるため、サギなどの鳥にも狙われる。

**類似種との識別** 東北地方や北関東ではトウホクサンショウウオと混生するが、成体は大きく黒みを帯びている。また卵嚢は明らかに異なる。幼生も、トウホクサンショウウオの幼生は頭から尾にかけてなだらかだが、本種の幼生は幅広で不規則な大きな黒い斑がある。

〔準絶滅危惧 (NT)〕

産卵期の雄は頭部が角張っている　3月　茨城県（N）

雌を中心に雄が集まって産卵をする
4月　茨城県（N）

クロサンショウウオの顔（U）

同じ池でも産卵期は長く、まだ孵化のはじまっていない卵嚢上に幼生が泳いでいる　5月　栃木県（N）

共食いや、小動物を捕食しながら成長する幼生。この後、半月ほどで上陸幼体となる　6月　富山県（U）

# エゾサンショウウオ

**学名** *Hynobius retardatus* **漢字名** 蝦夷山椒魚
**英名** Ezo salamander, Hokkaido salamander

エゾサンショウウオの雌。雌は産卵の準備ができてから水中に入ることが多い　4月　北海道（N）

**大きさ**　全長110〜190mm

**分布・生息環境**　北海道のいたるところで普通に見られるが、離島にはいない。カスミサンショウウオ属のうちでは生息域が最も幅広い種の１つで、森林と止水のある場所ならどこにでもすみ、平地から高山まで分布している。

**特徴**　体の背面は一様に青みを帯びた暗褐色で、腹面は灰色で微細な暗褐色の点が密に分布していることがある。

分布域が広いため場所によって産卵期にずれがあるが、南部の平地では４月上旬から、北部や東部では４月下旬から５月下旬、山地ではさらに遅れて６月中旬以降になることが多い。それぞれの場所での産卵期は一般に雪解け後になる。

産卵は普通夜に行われ、かなりの数の雄雌が集まって一度に産卵する。最盛期には朝まで続くこともある。池や水たまりのほか、林縁の緩やかな流れや大きな湖水の岸なども産卵場になるが、山間の道路脇の側溝、人家脇の用水槽などでも産卵する。１対の卵嚢を、水中にある枝、

エゾサンショウウオの顔（U）

落葉、草などに産み付ける。卵嚢はコイル状に巻いた長いひも状で透明、かなり柔らかい。大きな卵嚢では持ち上げると途中で切れてしまうことがある。表面にしわがあり、１卵嚢には20〜80個の卵がある。一般的には成熟したばかりの若い雌の卵数は少ない傾向がある。１度に多数の個体が産卵をするため、水中の枝に綿が白く巻きついたように見えることもあり、印象的である。

孵化した幼生は止水性サンショウウオの特徴であるバランサーをもつ。秋まで

産卵期の雄はずっと水中にいる　4月　北海道（N）

湿地で集団産卵をするエゾサンショウウオ。同じ場所で同時期にエゾアカガエルの産卵も見られる　5月　北海道（M）

一時に多くの個体が産卵するため、このようにかたまって白く見える　3月　北海道（N）

山中の湧水のたまりで育つ幼生　7月　北海道（M）

幼体　3月　北海道（N）

には幼体となり上陸するが、水温の低いところでは幼生のままで越冬する。

**類似種との識別**　北海道内では本種のほかキタサンショウウオが生息するが、成体、卵嚢ともに全く異なるので見間違うことはない。キタサンショウウオが生息する道東でも、両種は混生していない。本州内のサンショウウオで似ているのはクロサンショウウオだが、本種のほうが尾が長い。　〔情報不足（DD）〕

# ブチサンショウウオ

**学名** *Hynobius naevius* **漢字名** 斑山椒魚
**英名** Spotted salamander

ブチサンショウウオは体色の変異が大きい　3月　大分県産（N）

**大きさ**　全長80～150mm

**分布・生息環境**　西日本の代表的な流水性サンショウウオで、山地の森林や渓流を中心に生活している。本州西南部（紀伊半島と中国地方）、四国、九州の山地に生息。紀伊半島沿岸部では標高100m未満の低地からも報告がある。いずれでも源流部に近く水量もそれほど多くない沢沿いの森林に多く見られ、成体は谷とその近くの斜面から見つかっている。

**特徴**　分布が広範囲にわたっているので体色や斑紋には地域変異があるが、多くは地色が青みを帯びた暗褐色か黒褐色で、白色ないし灰白色の不規則な斑紋をもつ。典型的な個体では、背面がナスのような紺色で銀灰色の斑点が地衣状に連なっている。腹面にも地衣状斑がある。しかし一部の個体群では斑紋が黄色っぽかったり、斑紋がほとんどないなどの特徴をもつ。四国の個体群の中には右頁のような体色のものが多く出現する。

産卵期は多くは3～5月。日光の射し込まない石の下や伏流水中に、丸く巻いた透明でやや青みを帯びた卵嚢を産む。10～20個の比較的大きな卵が入っている。流水性サンショウウオの多くがそうであるように、幼生のまま越年するものもいる。しかし、近畿・四国で幼生を見かけることはほとんどない。

えらのかたちがきれいな幼生。孵化した幼生は流れの緩やかな石の下などに潜んでいる　7月　大分県（N）

**類似種との識別**　本州ではヒダサンショウウオと、九州ではベッコウサンショウウオと生息域が接する。前述のように体の基色に黄色の多いブチサンショウウオ

他地域のものと大きく異なり、褐色の地に茶褐色の地衣状紋のあるブチサンショウウオ　5月　愛媛県（S）

大きな岩に産み付けられた卵嚢（撮影のために動かしている）3月　大分県（N）

倒木の下にいた個体。和歌山ではイノシシが好むとして「シシムシ」と呼ばれる　3月　和歌山県（U）

標高1000mを越える場所の伏流にいた個体。四国や紀伊半島などに生息するブチサンショウウオは、卵や幼生などの発見例も含めた情報がこれまで乏しかった。この度、徳島県の標高1000mを超える地域で、地中70cmもの深さの伏流水の底から卵嚢が2対見つかった（写真下）。その形は他の地域のものとは明らかに異なり、3巻ほどに巻かれたコイル状のものであった。　6月　徳島県（U）

の場合、ヒダサンショウウオやベッコウサンショウウオと見間違うことがあるので、発見場所が重要である。幼生も似ているが、本種は基本的に指先に爪がない。

〔準絶滅危惧（NT）〕

地表より70cmあまり下の伏流で得られたコイル状の卵嚢　6月　徳島県（U）

# ヒダサンショウウオ

**学名** *Hynobius kimurae* **漢字名** 飛騨山椒魚
**英名** Hida salamander

大きな石の下にいたヒダサンショウウオの雄。卵嚢を守っているのだろうか。体色がやや青い 2月 東京都 (N)

**大きさ** 全長80～180mm

**分布・生息環境** 本州中央部の山地に広く分布する。関東（埼玉県、東京都）・中部・北陸・近畿・山陰の標高200～1000m付近に多く生息し、渓流からの報告がほとんどである。本州西部を代表する流水性サンショウウオである。人工林（針葉樹林）でも見られるが、やはり多いのは２次林（落葉広葉樹林・混合林）である。

**特徴** 体色の変異が著しいが、普通背面に不規則な細かい橙黄色の斑を散らしている。腹面には斑紋がない。関東のものは地色がやや青みがかっていることがあるが、京都産の個体の地色は紫褐色のものが多い。ただ島根県では、体も黄色の斑紋も大きい個体が見られる。

産卵期は多くが２～４月。直射日光の射さない大きな石の下や伏流水の中に産卵する。やや青みがかった１対の卵嚢はバナナ状で、１卵嚢中には10～20個の卵がある。この卵嚢は流水性サンショウウオのものとしては、特に丈夫である。孵化した幼生は流水性サンショウウオの特徴である爪をもち、流れの緩やかな石の下などで生活する。他の流水性サンショウウオの幼生と同じようにカゲロウ・カワゲラ・トビケラなどの幼虫を餌としている。幼生のまま越冬することがあり、そのような沢では一年中幼生を見ることができる。

**類似種との識別** 分布域の東側で見られる流水性サンショウウオは本種とハコネサンショウウオなので、成体、幼生いずれも明確に区別される。しかし分布域の中ほどから西側ではブチサンショウウオと生息域が隣接する。両種の基本的な体色のものであれば間違うことはないが、黄色の斑紋の大きな個体同士では区別がつきにくい場合もある。混生はしていないと思われるので、発見場所の確認が大切になる。〔準絶滅危惧（NT）〕

東日本（左頁）の成体と比べると体色の紫色が強い　12月　京都府（N）

ヒダサンショウウオ（S）

ヒダサンショウウオの顔（U）

ヒダサンショウウオの生息環境　3月　東京都（U）

まもなく孵化を迎える卵嚢の中の幼生　3月　東京都（N）

泳ぎでた直後の幼生。外鰓が長い　4月　富山県（U）

# オキサンショウウオ

**学名** *Hynobius okiensis*　**漢字名** 隠岐山椒魚
**英名** Oki salamander

雌に比べると体色がやや濃いオキサンショウウオの雄　3月　隠岐島（N）

**大きさ**　全長120～130mm
**分布・生息環境**　島根県隠岐島の島後（とうご）にのみ分布する。海岸近くから、山地まで広く分布している流水性サンショウウオで、源流部に近い沢やその周辺にいるが、産卵期といえども、容易に成体を見かけることはできない。夜行性で、産卵そのものが伏流水の中や大きな石の下などで行われるためである。
**特徴**　体色は背面が紫色を帯びた褐色で、黄褐色の不規則な斑紋がある。腹面は色が淡く、斑紋がない。また尾にも黄色の条線はない。

産卵期は２月下旬～３月下旬だが、年によって多少の変動はあるようだ。産卵は伏流水の中や日の射さない大きな岩の下などで行われる。１対の卵嚢を産む。卵嚢はそれほど長くはないが透明で巻いたひも状、外皮表面は丈夫で縦にしわがある。１卵嚢中に20～30個の比較的大きな卵がある。生息環境や産卵場で見ると流水性のように思えるが、孵化した幼生には小さいながらもバランサーがある。しかし指先には爪をもつものが多く、その点では流水性の特徴ももっている。沢では、日暮れとともに石の下から出てきた幼生が多く見られるなど、幼生も夜行性であることがわかる。幼生の尾には特徴的な大きな黒斑がある。越年する幼生も多いようだ。
**類似種との識別**　隠岐島唯一のサンショウウオ。黄褐色の斑紋の出かたによってはブチサンショウウオ、ヒダサンショウウオ、ベッコウサンショウウオに似た個体が現れることもあるが、他の止水性サンショウウオのように尾が後方に向かって縦に平たくなっているので区別することができる。　〔絶滅危惧Ⅱ類（VU）〕

繁殖期に産卵場所の沢に現れた雌　3月　隠岐島（M）

沢の中で活動する越冬幼生　3月　隠岐島（M）

環境がよければ集団産卵する　3月　隠岐島（N）

昼間は幼生も石の下などにいる　9月　隠岐島（S）

オキサンショウウオの顔（N）

# ベッコウサンショウウオ

**学名** *Hynobius stejnegeri* **漢字名** 鼈甲山椒魚
**英名** Amber-colored salamander

その名の通り色の美しいベッコウサンショウウオ　4月　宮崎県（N）

**大きさ**　全長130～190mm

**分布・生息環境**　九州のみに分布する。阿蘇山と霧島山に挟まれた九州中央山地の、標高500～1500mの落葉広葉樹林や混合林、照葉樹林帯に生息する典型的な山地渓流性サンショウウオである。

**特徴**　日本産小型サンショウウオのなかで最も美しいといわれる成体は、紫褐色の地色に鮮やかな黄色の大きな斑紋をもつが、全ての成体に共通しているわけではない。黄斑の少ない個体も現れる。

産卵期は５月頃と推定されるが、３月末に産卵の確認もあるなど、生息域の環境、水温、その年の気候などによって変動があるようだ。直射日光が射さない大きな石の下や伏流水中に産卵する。卵嚢は細長く、緩くねじれたひも状で、他の渓流性サンショウウオのような薄青い光沢はなく、透明な外皮である。卵は白か黄白色で８～28個が１列に並んでいる。

孵化した幼生は典型的な流水性サンショウウオの形態をし、指に丈夫な爪をもつ。変態後の幼体は成体とほぼ同じ体色である。成体、卵嚢ともに見るのは難しいが、幼生は翌年に変態し上陸するものもあり、生息域の沢では一年中見ることができる。日中は石の下にいるが、夕方から流れの緩いところに出てくる。

うっそうとした森の中の生息環境　5月　熊本県（M）

**類似種との識別**　黄色の斑紋が多いブチサンショウウオとの区別は非常に難しい場合があるが、一般的に本種のほうが生息域の標高が高い傾向にある。幼生は、ブチサンショウウオでは基本的に爪をもたないなどの区別がある。重要なのは、観察地点の確認である。

〔絶滅危惧Ⅱ類（VU）〕

べっこう色の少ない個体もいる　5月　宮崎県（N）

ベッコウサンショウウオの卵嚢
3月　宮崎県（N）

流水性サンショウウオの特徴である爪をもつ幼生。幼生からは親の体色は想像できない　5月　宮崎県産（S）

ベッコウサンショウウオの幼体　9月　宮崎県（N）

# オオダイガハラサンショウウオ

**学名** *Hynobius boulengeri* **漢字名** 大台ヶ原山椒魚
**英名** Odaigahara salamander

オオダイガハラサンショウウオの成体　5月　徳島県（N）

**大きさ**　全長150～200mm

**分布・生息環境**　紀伊半島、四国、九州と、その分布が中央溝造線に沿っているので、日本列島の成因にも関係ありそうなサンショウウオである。標高300～1700m程度の山地の、渓流の枝沢の源流部付近に生息する。他のサンショウウオよりも移動範囲が広く、沢から離れた場所で見られることもある。

**特徴**　日本産小型サンショウウオの中では最も大きい。体色は背が一様に黒っぽい青で、斑紋や斑点はなく、腹面は色がいくらか薄い程度。日本産サンショウウオでは最も特徴的な色をしている。渓流近くの林床の落葉や倒木の下などで生活し、クモ類、昆虫類、ミミズなどを食べるが、本種の生息域には体長20cmにもなるシーボルトミミズがおり、これを食べることもあるという。

産卵期は4～5月。日の射さない大きな石の下や伏流水で産卵する。卵嚢外皮は丈夫で薄く青みがかり、やや緩く曲がっている。中には10～25個の卵が入っている。孵化した幼生は爪をもつ。幼体は成体とほぼ同じ体色である。翌年夏に幼体となり上陸するものも多い。したがって沢には一年中幼生がいることになる。

年内に変態せず年を越した越冬幼生　5月　三重県（U）

**類似種との識別**　前述したように日本産では体色が最も特異なサンショウウオで、生息域が重なるハコネサンショウウオやブチサンショウウオと見間違えることはない。幼生も、体に大きな黒斑があるなど区別は容易である。

〔絶滅危惧Ⅱ類（VU）〕

オオダイガハラサンショウウオの卵嚢（岩を掘り上げて撮影）4月　和歌山県（U）

卵嚢　5月　高知県（N）

夜間、谷に現れた成体。石の下に潜るためか頭部に傷のあるものが多かった　4月　奈良県（M）

生息環境は魚のすまない源流域である　4月　和歌山県（U）

幼生は爪をもっている　5月　徳島県（N）

# キタサンショウウオ

**学名** *Salamandrella keyserlingii* **漢字名** 北山椒魚
**英名** Siberian salamander

湿原の土手を産卵場所に向かうキタサンショウウオの雄　5月　北海道（M）

**大きさ**　全長80～130mm

**分布・生息環境**　北海道東部の釧路湿原にのみ生息しているが、本種は日本固有種ではなくシベリアにも広く分布しており、有尾類のなかでは最も生息域が広い。釧路湿原はミズゴケの間にヒラギシスゲの野地(やち)坊主が広がる環境で、ところどころにヤチハンノキやヤチダモが見られる。森林性の環境ではないが、湿原なので成体の体が乾燥することはない。

**特徴**　体色は全体に褐色で、背に黄褐色ないし金に近い褐色の帯が頭部から尾部先端まで続き、本種の特徴の1つとなっている。しかしこの鮮やかな体色は非繁殖期のもので、繁殖期には全体的に暗い色となる。本種に限らずサンショウウオの成体を野外で観察できるのは繁殖期のごく短い間だけなので、前述したようなキタサンショウウオの普通の体色を見る機会はほとんどないだろう。

産卵期は4月中旬～5月中旬だが、釧路地方はもともと積雪量の多いところではなく、雪解け後の3月下旬から4月上旬の雨によって多少の前後があるようだ。産卵のピークはおよそ1週間といわれる。夜間、野地坊主の間の水たまりに産卵する。卵嚢はバナナ状、または巻いたひも状で透明だが、産卵直後の外皮は青い蛍光色を発する。1卵嚢には40～100個の卵があり、卵そのものは小さい。孵化幼生は秋までには変態し上陸する。

**類似種との識別**　エゾサンショウウオが道東にも生息するが、生息域が明確に分かれているので区別できる。また成体の体色、卵嚢の形態なども異なる。

〔準絶滅危惧（NT）〕

キタサンショウウオの産卵。中央の頭を上にしているのが雌　5月　北海道（N）

雌を中心に近くの雄が集まり、産卵行動を行う　5月　北海道（N）

産卵に参加した雄は同じ場所にとどまり、再び雌の出現を待つ　5月　北海道（N）

雌を待つ雄は、夜になると一晩中尾を振り続ける　5月　北海道（N）

産卵直後の卵嚢は青く輝き非常に美しい　5月　北海道（N）

釧路湿原の生息環境　6月　北海道（M）

# ハコネサンショウウオ

**学名** *Onychodactylus japonicus* **漢字名** 箱根山椒魚
**英名** Japanese clawed salamander

ハコネサンショウウオの成体（関東型）6月　茨城県（N）

**大きさ**　全長110～190mm

**分布・生息環境**　九州と北海道を除き、四国を含めた日本各地の山地に分布する。山地渓流に最も適したサンショウウオである。標高50m程度のところでも確認されているが、生息環境は基本的に渓流とその周辺である。

**特徴**　体色は地域によって異なるが、一般的に東日本産（関東型）は暗赤褐色か紫色を帯びた暗褐色で、中央部の全長にわたって橙黄色あるいは橙紅色の幅広い帯または帯状の模様がある。このような体色は2年次の幼生でも同じである。西日本産（関西型）では基色が紫褐色で、背の中央に朱色の帯または大きな斑が連なっている。繁殖期になると雌雄ともに黒い爪を有するようになり、特に雄の後肢は異常なほど大きくなる。

産卵期についてはまだ不明な点が多く、通常5～6月と思われるが、石川県下では10月下旬～12月の産卵が確認されている。産卵は全く日光の射さない伏流水の中で行われ、7～15個の卵が入った半透明で丈夫な卵嚢を岩にしっかりと付着させる。

孵化した幼生は2年以上を水中で過ごす。したがって孵化直後の全長30mmの小さな幼生から、変態間近の全長80mmの大きな幼生までが同じ沢で生活することになる。幼生は指に爪をもち、あしの後ろ側がひれ状の膜になっていて、日本産サンショウウオのなかでは最も流れに適した形態となっている。分布域、生活環境からみて、幼生を目にする機会の最も多いサンショウウオといえるだろう。

**類似種との識別**　他の渓流性サンショウウオと生息域は重なるが、一般的に本種のほうが標高の高い場所に生息している。成体は細長い頭、飛び出た眼、すらりとのびた長い胴と尾などの特徴によって区別できる。しかし他のサンショウウオ同様、成体に出会う機会は多くない。

背中の朱色の帯が鮮やかなハコネサンショウウオの成体（関西型） 10月　三重県（U）

大小の幼生が一緒にくらす沢では共食いも起きる　5月　茨城県（N）

ハコネサンショウウオの顔。とびでたような大きな目が特徴である（U）

夜間、沢の中で活動する幼生。爪があり頭部が扁平するなど、激しい流れに適応している　5月　奈良県（M）

# オオサンショウウオ

**学名** *Andrias japonicus* **漢字名** 大山椒魚
**英名** Japanese giant salamander

ヨシの間から姿を現したオオサンショウウオ。夜になったので食事のために出てきたのだろう　9月　島根県（N）

**大きさ**　全長50〜140cm

**分布・生息環境**　岐阜県以西の本州と四国、大分県に分布。河川上中流地域に生息する。その他の各地で捕獲情報があるが、大部分は飼育個体が逃亡したものか、人為的な放流によるものである。生息地域の河川はさまざまで、川幅・流速・水深など必ずしも同じような状況ではない。また山間渓流部に限らず人家近くの用水路や小川にも見られるなど、環境への適応性は意外にあると思われるが、とにかく長生きなので、安定した環境が継続することが最も大切な条件である。

**特徴**　なんといっても全長１mを超える個体もいる世界最大の両生類である。サンショウウオといえばオオサンショウウオのことを指すというのがほとんどの人の反応だろう。最大で150cmという記録があるが、野外で見る個体の多くは40〜80cmぐらいのものが多い。水生昆虫からエビ・カニ・魚・カエルなど、鼻先に来た動くものなら何でも丸呑みにする。その動きは、体の割には異常なまでに素速く、獲物を水ごと吸い込んでしまう。野外で指などを鼻先に出してはいけない。必ず噛み付かれる。産卵などのために移動するときは、難所を越えるのに水中から出ることもあるが、基本的には一生を水中で過ごし、地上を歩くことはない。もっとも、体の大きさの割にあしが小さ

オオサンショウウオは夜間、活発に活動するが、昼間に見られることもある　10月　島根県（U）

いので、地上では体を支えられない。

体色は茶褐色で、暗褐色の不規則で大きな斑紋がある。地色の黒っぽいものや黄色みを帯びている個体もいる。頭部には多数のいぼがあり、眼は小さい。

繁殖期は８～９月。水が入る川岸の横穴に産卵する。穴の入り口は小さいが奥行きはかなり広く、雄が孵化後もしばらくは守っている。卵は寒天質のひもで数珠状に連結され、１匹の雌が300～700個の卵を産むと思われる。孵化した幼生は、１月頃、産卵穴から出てくるが、親からは想像できないほど小さく、体長40mm程度で、体は黒っぽく、まるでイモリの幼生のようである。えらがなくなり変態するまでには4～5年ほどかかる。繁殖期に入ると、産卵のため活発に動き出すが、行く手に堰堤や取水堰などがあると、そこから川を遡上できずに何頭か集まっている姿を見ることがある。1952年に国の特別天然記念物に指定された。

**類似種との識別**　本来分布していない地域で見つかるオオサンショウウオは、中国原産のチュウゴクオオサンショウウオの場合が多く、体色は似ているが、頭部にあるいぼが本種より小さく、２つずつ並んでいるのが特徴である。また各地で野生化しているという報告もあり、日本産オオサンショウウオとの交雑も心配されている。　〔絶滅危惧Ⅱ類（VU）〕

夜行性といわれるオオサンショウウオも昼間見かけることがある。しかし水中撮影の準備をしていたら巣穴に戻ってしまった　8月　島根県（N）

巣穴から出てきたばかりの黒い小さな幼生　2月　三重県（N）

全長12cmほどの2年目の幼体　広島県産（U）

ウグイを食うオオサンショウウオ　8月　京都府（S）

夜間、浅瀬を移動するオオサンショウウオ　8月　京都府（S）

## Topics ハンザキ大明神

サンショウウオというと、日本ではほとんどの人がオオサンショウウオをイメージするほど名の知れた動物といえる。江戸時代末シーボルトがオオサンショウウオの生体標本をヨーロッパに持ち帰ったとき、すでに絶滅したと思われていたこの両生類最大の生き物は、大きな驚きをもたらしたという。中国原産のチュウゴクオオサンショウウオより半世紀も早い紹介だった。

日本では古来から食用にもされたオオサンショウウオは、別名「ハンザキ」あるいは「ハンザケ」と呼ばれるが、これは、その生命力の強さから体が半分に裂かれても生きられると信じられたり、口が大きく体が半分に裂けているように見えるということからきているらしい。

岡山県湯原町の国司神社境内にはハンザキ大明神がある。これは元禄初めの頃、巨大なオオサンショウウオを退治した村人の一家に不幸が続いたことから、その霊を慰めるために祀ったものといわれる。明治になってオオサンショウウオに傾倒した著名な動物学者・石川千代松博士が調査し、社を再建した。現在も毎年8月8日にはハンザキ祭りが行われている。

ハンザキ祭りにはこの山車が町内を練り歩く（S）

ハンザキ大明神（S）

巣穴から顔を出すオオサンショウウオ。長年使われたこのすみかは、産卵巣穴にもなるようだ　8月　島根県（N）

# 外国産サンショウウオ科・オオサンショウウオ科

**チョウセンサンショウウオ** ***Hynobius leechii***
サンショウウオ属　分布：中国北東部から朝鮮半島、済州島　全長：85～115mm
日本産のカスミサンショウウオやトウキョウサンショウウオと同じような環境に生息。止水性で、平地から山地にかけて広く分布している。3～5月に産卵する。(N)

**タイワンサンショウウオ** ***Hynobius formosanus***
サンショウウオ属　分布：台湾　全長：80～110mm
標高2000m前後の高地に生息する流水性のサンショウウオ。(N)

**ソナンサンショウウオ** ***Hynobius sonani***（上と右）
サンショウウオ属　分布：台湾中央山脈　全長：100～130mm
日本産ブチサンショウウオに比較的近い種で流水性サンショウウオといってよく、標高3000m前後の高山で、沢沿いの森林や竹林の林床部に生息している。(N)

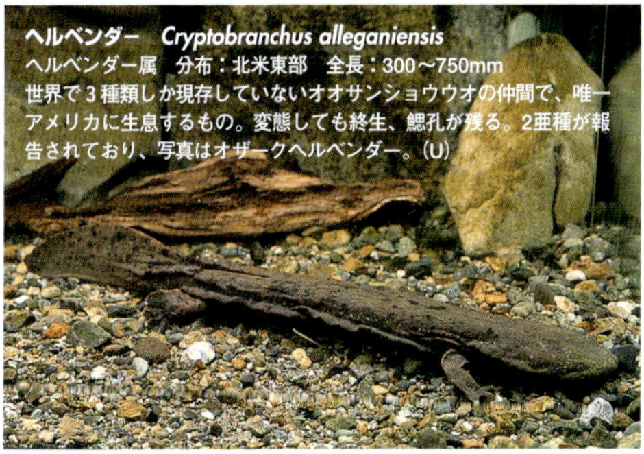

**ヘルベンダー**　***Cryptobranchus alleganiensis***
ヘルベンダー属　分布：北米東部　全長：300～750mm
世界で３種類しか現存していないオオサンショウウオの仲間で、唯一アメリカに生息するもの。変態しても終生、鰓孔が残る。2亜種が報告されており、写真はオザークヘルベンダー。(U)

**ハコネサンショウウオモドキ**（上と下）
***Onychodactylus fisheri***
ハコネサンショウウオ属
分布：朝鮮半島からシベリア東部にかけて
全長：150mm前後
ハコネサンショウウオ属には2種が確認されており、日本産ハコネサンショウウオ同様、尾が長く非常にスマートな体つきをしている。形態的にも生態的にも似た点が多い。(N)

**チュウゴクオオサンショウウオ**　***Andrias davidanus***
オオサンショウウオ属　分布：中国　全長：最大1000mm以上
日本産とは体表の突起が対になっていることで区別されるといわれるが、実際は難しい。食用として持ち込まれた個体が各地で野生化し、日本産と交雑する問題も起こっている。日本産とはきわめて近縁であるとされている。(U)

# アカハライモリ

**学名** *Cynops pyrrhogaster* **漢字名** 赤腹井守
**英名** Japanese fire-bellied newt

アカハライモリ 8月 滋賀県産 (S)

**大きさ** 全長70〜130mm

**分布・生息環境** 日本の固有種で、本州・四国・九州、佐渡島・隠岐島・壱岐島・五島列島・大隅諸島などに分布している。北海道には自然分布はない。池・水田・湿地などの水中に多いが、山間の自然公園や林道の側溝などでも見られる。基本的に流れのある川には生息しないが、大きな川でも川岸のたまり水で見ることがある。

**特徴** ニホンイモリとも呼ばれる。背面は黒色または黒褐色で、腹面は赤く不規則な黒斑があるのが基本だが、この腹面の模様については個体差があり、黒斑がほとんどないものや全体的に黒っぽくなっているものもいる。分布が広いためか、形態や斑紋には変異が大きいようだ。

雄の尾は先端近くまで幅広く続き、急に細くなる。雌の尾は全体に細く、先端まで徐々に細くなり、一般的に雌のほうが大きい。サンショウウオを含めた有尾類の中では雌雄の区別がつきやすい種である。

繁殖期になると、雄には青紫色の婚姻色が尾を中心に現れ、非常にきれいな色となる。求愛行動はかなり特徴的で、雌の前で尾をS字に曲げて細かく震わせる。これはシリケンイモリにも見られる。

春から初夏にかけて、水中の草、枯れ葉などに1卵ずつ産卵する。雌は後肢で葉を挟み、粘着性のある卵を葉の間に産卵、付着させる。孵化した幼生はバラン

繁殖期に渓流に集まってきたアカハライモリ。雄は雌を探してしきりに動き回る　5月　和歌山県（U）

サーをもっている。体色は、最初茶褐色をしているがやがて黒っぽくなってくる。

非常に貪食で、動物質のものなら種類を選ばずなんでも食べる。特に、繁殖期には著しい雑食性になる。モリアオガエルが産卵する池などではオタマジャクシを食べるということで、少々嫌われ者扱いされたりもする。

**類似種との識別**　シリケンイモリが琉球列島に生息するが、本種のほうがやや小さい。腹面の色は本種のほうが赤色に近く、シリケンイモリはどちらかというとオレンジ色に近い。しかし両種は明確にすみわけており、生息地での判断は間違うことはない。

〔準絶滅危惧（NT）〕

アカハライモリの顔（U）

冬眠するアカハライモリ。水路近くの石の下にうずくまっていた　1月　滋賀県（S）

色素変異個体。このような目立つ個体は捕食される危険が高い　11月　福島県（U）

自分と同じくらいの体長のミミズを捕食　4月　滋賀県（S）

ヤマアカガエルのオタマジャクシを捕食　6月　静岡県（M）

産卵場となる水場に集まるアカハライモリ。繁殖期には普段は生息しない水域や環境にも姿を現す　5月　和歌山県（U）

アカハライモリの求愛行動。雄は雌の前に位置すると、尾を曲げて震わせ、求愛を行う　5月　和歌山県（U）

アカハライモリの卵（U）

嚢胚期を経て神経胚となった（U）

孵化間近の幼生。卵の中でくるくると回転する（U）

孵化したばかりのバランサーをもつ幼生。これは止水性サンショウウオと同じである　7月　三重県（U）

アカハライモリの幼生。やはり有尾類、体色こそ違ってもサンショウウオと同じような体形をしている（N）

外鰓がとれて、ようやくイモリらしい体形となった幼体　8月（U）

# シリケンイモリ

**学名** *Cynops ensicauda* **漢字名** 尻剣井守
**英名** Sword-tailed newt

シリケンイモリの雌。地上でも容易に見かけることがある 6月 沖縄島（N）

**大きさ** 全長100～140mm
**分布・生息環境** 琉球列島に固有で、奄美大島・沖縄諸島に分布する。ここでは平地から山地まで広く生息しており、水田、池、林道の側溝、源流部に近いごく穏やかな流れなど、たまり水があるところで見ることができる。また雨のあと、歩いているところが見られるなど、水の中だけでなく陸上でも容易に見られる。
**特徴** 体色はアカハライモリと同様、黒色または黒褐色の地色だが、青白色の地衣状紋を全体に散らしている場合と少しだけ散らしている場合、また背面にオレンジ色の縦条が3本あるものなどさまざま。腹面の基本色はオレンジだが、赤みの強いものなど個体差は非常に大きい。

産卵期は2～8月と長く、本州のイモリと同様に水中の草、落葉、苔などに1卵ずつ産み付ける。卵は粘着性があり、しっかりと固定される。産卵池のまわりの湿ったところでは、水中に限らず苔などに産む場合もある。その場合でも、卵から孵化した幼生がすぐに水中に落ちるようなところに産む。卵は比較的大きく、直径2.5～3mmほど。孵化した幼生は止水性サンショウウオと同様にバランサーを一時期もつ。

産卵期、側溝に集まったシリケンイモリ 12月
奄美大島（U）

**類似種との識別** 生息域が重なるイボイモリは腹面が赤くはなく、体長も本種より大きい。イボイモリは肋骨の先端が大きく張り出し、体縁は鋸歯状となっているので成体の区別は容易である。しかし幼生では区別のつきにくい時期もある。

〔準絶滅危惧（NT）〕

シリケンイモリの求愛行動。左が雌、右が雄　6月　沖縄島（N）

シリケンイモリの雌雄の違い。雌(左)の総排出口は小さいが、雄(右)は大きい（M）

サンショウウオの幼生同様、大きな外鰓をもつシリケンイモリの幼生　8月　奄美大島産（S）

自分で卵を産みながら目の前にある卵を食べる雌　6月　沖縄島（N）

これほど赤みの強いものは少ない　6月　奄美大島（M）

# イボイモリ

**学名** *Echinotriton andersoni* **漢字名** 疣井守、揖保井守
**英名** Anderson's alligator newt

繁殖場所近くの草原に現れたイボイモリの成体　5月　奄美大島（M）

**大きさ**　全長140～200mm

**分布・生息環境**　奄美大島・徳之島・沖縄島・渡嘉敷島に分布。地上性で林の中にもいるが、それに接する林道の縁や農耕地でも見られる。昼間は落葉・朽木・石の下などに潜んでいる。

**特徴**　イモリ科のなかでは最も原始的な形態をとどめており、「生きた化石」ともいうべきものである。全長は普通のイモリよりはるかに大きく、一様に黒褐色で、腹も赤くなく黒褐色または暗灰色である。四肢の先、肛門のまわり、尾の下はオレンジ色。大きな肋骨があり、その先端が張り出していて、これがイボイモリといわれる要因となっている。

産卵は２～６月だが、産卵と孵化は降雨と関係があるらしく、年によっては７月以降でも卵を見ることができる。産卵は水中で行われることはなく、孵化した幼生が自力で入っていけるように池などのすぐ近くの土に産卵する。卵塊にはならず、１つずつばらばらになっている。卵はシリケンイモリに比べると大きく、

水のたまった林道が産卵場所となる　5月　奄美大島（M）

１匹の雌は50～60個ほどを産むといわれるが、100個を超す場合もあるという。陸上で孵化した幼生は、自力で水中に入っていく。

イモリ類は体内受精をするが、本種では成体でも水中に入ることはなく、求愛行動についても地上で行われるらしいが詳しいことはまだわかっていない。幼生はアカハライモリと同じようにバランサ

林の中を移動する成体
4月　徳之島（M）

「生きた化石」の風格がただよう顔　沖縄島（U）

雨の中、産卵場所に現れた成体　4月　沖縄島（M）

池のまわりの落葉の下に産み付けられた卵　4月
沖縄島（M）

林道の水たまりにいた幼生。シリケンイモリやカエルのオタマジャクシも一緒にいた　6月　奄美大島（M）

ーを一時期もつが、その発達は悪い。

**類似種との識別**　琉球列島にはシリケンイモリが生息するが、成体の外観は全く異なるので一目で区別できる。卵の大きさも異なる。幼生は本種のほうが外鰓が大きく、バランサーの発達が悪い。また背びれが頭部のすぐ後ろからはじまっているなど違いも多い。沖縄県、鹿児島県の天然記念物。　〔絶滅危惧Ⅱ類（VU）〕

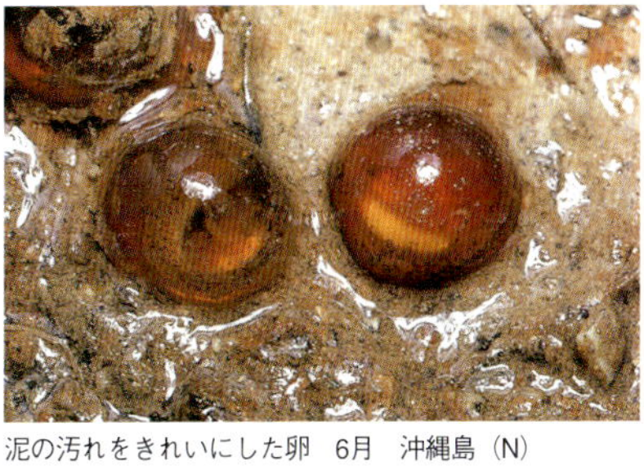
泥の汚れをきれいにした卵　6月　沖縄島（N）

# 外国産イモリ科

**シナイモリ** ***Cynops orientalis***
トウヨウイモリ属　分布：中国　全長：70～90mm
日本のイモリに似るが、成体になっても体側に側線が残る。(U)

**ミナミイボイモリ** ***Tylototriton shanjing***
ミナミイボイモリ属　分布：中国雲南省、北インド
全長：125～220mm　標高1000m以上の山地に生息する。
湿った落葉の下などにすんでいる。(U)

**フトイモリ** ***Pachytriton brevipes***　フトイモリ属
分布：中国南東部　全長：200～220mm
渓流に生息する大型のイモリ。繁殖期以外も水中にとどまることが多い。(U)

**シナコブイモリ** ***Paramesotriton chinensis***
コブイモリ属　分布：中国南東部　全長：120～160mm
渓流のやや流れの緩い場所に生息する。(U)

**ビハンイモリ**
***Paramesotriton caudopunctatus***
コブイモリ属
分布：中国広西省・貴州省
全長：120～140mm
やや標高の高い山地に生息する。
背中のキールが赤い。(U)

**ファイアサラマンダー** *Salamandra salamandra* サラマンドラ属
分布：ヨーロッパ～ウクライナ　全長：150～240mm
多くの亜種があり、そのほとんどが森林などに生息する陸生。
写真は亜種のピレネーファイアサラマンダー。(U)

**トルコクシイモリ** *Triturus karelinii*
クシイモリ属　分布：トルコ～イラン　全長：140～160mm
いくつかの亜種に分類される。繁殖期の雄は写真のようにとさか状のひれが伸張する。(U)

**イベリアトゲイモリ** *Pleurodeles waltl* トゲイモリ属
分布：イベリア半島、モロッコ　全長：130～300mm
水生植物の茂った池や沼、川などに生息する。強く掴むと、皮膚を突き破って鋭い肋骨が突き刺さるので注意。(U)

**ブチイモリ** *Notophthalmus viridescens*
トウブイモリ属　分布：カナダ東部、米東部
全長：60～140mm　写真は成体だが、亜成体はレッドエフトと呼ばれ、赤い体色をしている。(U)

# ニホンヒキガエル

**学名** *Bufo japonicus japonicus* **漢字名** 日本蟇
**英名** Western-Japanese common toad

産卵場となる田植え前の水田に現れたニホンヒキガエルの雄 5月 熊本県(M)

**大きさ** 体長80～180mm(成体)
**鳴き声** クックックックッ……
**生息場所** 地上
**分布・生息環境** 本州の近畿以西、四国・九州、壱岐島、五島列島、屋久島、種子島および東日本の一部(人為分布)に分布している。生息場所は広く、海岸から高山まで広範囲に及んでいる。
**特徴** 茶褐色で、全身に多数の突起や隆起をもつ大型のカエル。後肢が短くずんぐりした体形で、移動の際には、ジャンプより歩くことが多い。眼の後ろに毒液を出す突起した耳腺をもっている。ミミズや小昆虫などを主に食べる。捕食のときは、口の中に巻き込まれている長い舌を瞬間的にのばして餌をからめとる。一部の地域では、繁殖期に雄の体色が婚姻色である黄褐色となる。

繁殖期は10～5月と環境や分布場所によりばらつきがある。秋に産卵されたものはオタマジャクシのままで越冬する。産卵期には狭い産卵場所に多数の個体が集まり、雌の奪い合いが行われる。ひも状の卵嚢の中には、直径約2mmほどの卵が数千～1万数千個入っている。オタマジャクシは、成体の大きさに似合わず比較的小型で黒っぽい色彩をしている。
**類似種との識別** 四国産のものをスミスヒキガエル、屋久島産のものをヤクシマヒキガエルと呼んで区別したこともある。一部同所的に生息するナガレヒキガエルとは形態が酷似し、識別は難しいが、ナガレヒキガエルの鼓膜は小さく不明瞭なことから識別できることもある。

雨の中、草原を
移動中の雌　4月
高知県（M）

産卵場で抱接するニホ
ンヒキガエルのペア
4月　和歌山県（U）

水田に産み出されて発生が進む卵　5月　熊本県（M）

30～40mmの幼生　5月　愛媛県産（S）

# アズマヒキガエル

**学名** *Bufo japonicus formosus* **漢字名** 東蟇
**英名** Eastern-Japanese common toad

冬眠から繁殖地に出てきたアズマヒキガエルの雄　4月　長野県（M）

**大きさ**　体長40～165mm（成体）
**鳴き声**　クックックック……
**生息場所**　地上
**分布・生息環境**　本州の近畿付近から東北部、伊豆大島、北海道の一部に分布する。生息場所は広く、海岸から高山まで広範囲に及び、都市部の公園や人家の庭などにもすみついている。
**特徴**　体形は大型のずんぐり型で、短く太い四肢、大きな頭をもつ。普段はゆっくりと移動するが、小刻みなジャンプをすることもある。皮膚にはさまざまな隆起があり、眼の後ろに白い毒液（ブフォトキシン）を出す大きな耳腺をもっている。危険を感じたときや驚いたときには頭を下げ、体をふくらませてこの耳腺を強調するポーズをとる。そのため天敵は少ないが、ヤマカガシは本種を好んで食べる。普段は灰褐色の地味な体色で目立たないが、繁殖期に雄は黄褐色になることが多い。

繁殖期は2～7月頃と地域や標高によりばらつきがある。産卵期には比較的狭い産卵場所に多数の個体が集まり雌の奪い合いをする「蛙合戦」が知られる。産み出されたひも状の卵嚢の中には1500～8000個の卵が入っている。オタマジャクシは比較的小さく、黒っぽい色をしている。

**類似種との識別**　ニホンヒキガエルとは

観光名所となっている長野・岩松院の蛙合戦。繁殖期になると裏山からたくさんのアズマヒキガエルが集まり、池の中や周辺でクックックと鳴き交わしながら雌を探す　4月　長野県（M）

雌を待つアズマヒキガエルの雄　3月　千葉県（M）

鼓膜がやや大きい程度の差しかないので形態では識別が難しいが、人為的に持ち込まれた一部地域以外では、分布は重ならない。山岳地帯に分布する小型群をヤマヒキガエル、北海道函館産をエゾヒキガエルと呼ぶこともあった。

雌が見つかると次から次へと雄が抱きつき、ときには全体が大きな塊となる　5月　栃木県（M）

ヒキガエルの威嚇防衛行動。頭を下げ、体をふくらませている　6月　東京都（U）

多くの個体が産卵をしながら移動したために、卵の川ができてしまった　5月　栃木県（M）

池の周辺部に群がるオタマジャクシ　6月　栃木県（M）

次から次へと上陸していく子ども　6月　東京都（M）

小川で、ヤマカガシに捕食された成体。後ろからくわえているが、このあと岩にカエルを押しつけながら全部呑み込んでしまった　8月　群馬県（M）

冬眠中のウシガエルに抱きつくアズマヒキガエルの雄。同種のリリースコールがないためいつまでも放してもらえない　3月　千葉県（M）

北アルプスの標高2450m付近の高地。ハイマツ帯やお花畑でもアズマヒキガエルが見られる　8月　富山県（M）

落葉の下に潜って冬眠中のアズマヒキガエル。暖かい日には動き出す　12月　東京都（M）

# ナガレヒキガエル

**学名** *Bufo torrenticola* **漢字名** 流蟇
**英名** Japanese stream toad

繁殖場所の渓流に現れたナガレヒキガエル　5月　奈良県（M）

**大きさ**　70～170mm（成体）
**鳴き声**　クックックック……
**生息場所**　地上
**分布・生息環境**　本州の中部地方西部と近畿地方の山間部に分布する。非繁殖期には渓流周辺の森林や草原などで活動している。
**特徴**　大型で全身に突起物を多くもち、ずんぐりした体形である。四肢は他のヒキガエルと比べると長い。鼓膜は不明瞭で皮膚の下に隠れている場合も多い。

繁殖期の体色は雌雄とも変化に富み、鮮やかなオレンジ色を呈することもある。非繁殖期の皮膚は他のヒキガエルと同じであるが、繁殖期には水中での滞在時間が長いこともあり、しわ状にたるむことがある。

繁殖期は4～5月で、山地の渓流の滝壺やよどみで行われる。繁殖期には、雄が渓流のよどみなどの水中で鳴き交わしながら雌を待って動き回っている。卵嚢はひも状で、水中の岩や木切れなどに巻き付けられる。卵嚢には2000～数千個の卵が入っている。オタマジャクシの口は大きく、水中の藻類などを削り取って食べている。和名・学名とも、渓流で繁殖することに由来する。

川で雌を待ち受ける雄　5月　奈良県（M）

**類似種との識別**　同所的に分布するニホンヒキガエルとは、鼓膜が不明瞭なこと、四肢が長いことで区別がつく。

渓流の浅瀬のよどみで産卵する　5月　富山県（S）

現れた雌を奪い合う複数の雄　5月　奈良県（M）

渓流のよどみに産み出されたひも状の卵塊　5月　奈良県（M）

渓流の中のオタマジャクシ。流されないよう岩盤に吸い付いている　5月　和歌山県（U）

# ミヤコヒキガエル

**学名** *Bufo gargarizans miyakonis* **漢字名** 宮古蟇
**英名** Miyako toad

産卵場所の池の近くに現れたミヤコヒキガエル　12月　南大東島（M）

**大きさ**　60～120mm（成体）
**鳴き声**　クックックック……
**生息場所**　地上
**分布・生息環境**　宮古島、伊良部島、北大東島、南大東島、沖縄島北部（人為分布）に分布している。サトウキビ畑や草地に生息しており、溜め池や貯水槽、ミズイモ畑などで繁殖する。
**特徴**　中型で全身に比較的小さな突起を多くもち、ずんぐりした体形である。体色は黄褐色から茶褐色で個体による差が大きい。他の大型のヒキガエル類に比べ動きが速く活発である。眼の後ろには毒液を出す突起した耳腺をもっている。ミミズや小昆虫、アリなどを食べる。

繁殖期は分布する島で異なり、9～3月と長期にわたる。基本的には雄雌1対で産卵をするが、産卵場所に集まった雄同士で小規模ではあるが雌の奪い合いが行われることもある。1万個～1万数千個の卵をひも状の卵嚢として産む。

中国に生息するチュウヒキガエル*B. g. gargarizans*の亜種で、南西諸島では本種以外のヒキガエル類が自然分布していないことから、宮古島固有種かどうか疑問視されたこともあったが、島内でヒキガエルの化石も見つかっている。沖縄北部では学校の先生が持ち込み、その駆除対策が問題になった。その後、完全に駆除されたかどうかの確認はとれていない。
**類似種との識別**　大きさで他のヒキガエルとは区別がつく。特に同所に生息するオオヒキガエルとは形態が全く異なる。

〔準絶滅危惧（NT）〕

雨の夜、サトウキビ畑の周辺に集まってきたミヤコヒキガエル　12月　南大東島（M）

最盛期には昼間でも産卵する　10月　宮古島（S）

池の縁に集まるオタマジャクシ　12月　宮古島（M）

上陸して池の周辺にいる子ども　12月　宮古島（M）

夜間、草原で活動中の成体　12月　宮古島（M）

# オオヒキガエル

**学名** *Bufo marinus* **漢字名** 大蟇
**英名** Marine toad (Giant toad)

夜間、林の中を歩くオオヒキガエルの雄　9月　石垣島（M）

**大きさ** 80～155mm（成体）
**鳴き声** ボボボボ……
**生息場所** 地上
**分布・生息環境** 小笠原諸島、南・北大東島、石垣島に人為的に移入された。原産地はテキサス州南部から中米にかけてだが、農作物の害虫を駆除する目的で太平洋諸島各地に移入され、定着している。1935年にハワイから台湾へ、南・北大東島には戦前、1949年にサイパンから父島へ、1975年頃に母島へ、1978年頃には南大東島より石垣島に移入された。林縁部やサトウキビ畑などに多いが、海岸近くから山中まで生息する。
**特徴** 黄褐色や茶褐色の体色をした大型のヒキガエル。皮膚は全面突起物におおわれ、耳の後ろに非常に大きく発達した耳腺をもち、強い毒を出す。この毒のため捕食者がほとんどないと思われ、新たに分布域を広げた場合、在来生物への影響が心配されている。最近、西表島で数個体が見つかり駆除対策がとられている。

眼や口の周辺に骨質の隆起があり、鎧を着ているように見える。アリ、小昆虫、陸貝、カニなどから小型の哺乳類なども食べ、共食いも見られる。

繁殖期は12～1月が活発と思われるが、環境によっては周年繁殖する。産卵場所は水田や池、沼などの止水で、ひも状の卵嚢の中には8000～1万7000個の卵が入っている。
**類似種との識別** 同所にいるミヤコヒキガエルとは大きさや形態、鳴き声も全く異なる。

産卵場所の池の近くに現れたオオヒキガエルの雌　12月　南大東島（M）

サトウキビ畑で活動する子ども　12月　南大東島（M）

ハワイ・マウイ島で見た親指の爪ほどの幼体　9月（U）

池の縁に多数集まって鳴き交わすオオヒキガエルの雄　12月　南大東島（M）

# 外国産ヒキガエル科

**ソノラミドリヒキガエル** *Bufo retiformis*
ヒキガエル属
分布：メキシコ（ソノラ）〜米アリゾナ州
体長：38〜57mm　やや乾燥した場所に生息する。この仲間では色彩的に最も美しい。（U）

**アメリカヒキガエル**
*Bufo americanus americanus*
ヒキガエル属　分布：カナダ・マニトバ州〜米ジョージア州
体長：51〜110mm
平地から森林帯まで分布。湿った場所を好む。（M）

**アカボシヒキガエル** *Bufo punctatus*
ヒキガエル属　分布：米、メキシコ
体長：40〜75mm　やや乾燥した岩場に生息する。貯水池などに産卵する。（U）

**オークヒキガエル** *Bufo quercicus* ヒキガエル属
分布：米ルイジアナ州〜ヴァージニア州、フロリダ半島
体長：20〜30mm
アメリカで最小のヒキガエル。背中線があり、海岸部から草原、森まで生息する。昼夜とも活発に活動する。（M）

**コロラドヒキガエル** *Bufo alvarius*
ヒキガエル属　分布：米、メキシコ
体長：100〜150mm　耳の後ろの毒腺が発達した大型のヒキガエル。乾燥した地域に生息する。（U）

**ミドリヒキガエル** *Bufo viridis* ヒキガエル属
分布：ヨーロッパ〜中国西端、アフリカ北岸、東南アジア
体長：60〜90mm
乾燥した低地に生息し、砂地では自ら穴を掘って隠れる。（U）

**オオヒキガエル** ***Bufo marinus***
ヒキガエル属　分布：原産は米テキサス州～中米、日本では小笠原や石垣島などに帰化　全長：90～180mm
乾燥地から熱帯雨林まですんでいる。猛毒のある大きな耳腺をもつ。誤って食べた犬が死亡した例もある。(U)

**キマダラヒキガエル** ***Bufo spinulosus***　ヒキガエル属
分布：アルゼンチン、チリ、ボリビア、ペルー、エクアドル
体長：50～100mm　草原から森林帯まで分布。(M)

**モーリタニアヒキガエル** ***Bufo mauritanicus***　ヒキガエル属
分布：モーリタニア～リビアの沿岸地方　体長：100～130mm
松林などの比較的乾燥した環境に生息する。(M)

**ジョウモンヒキガエル** ***Bufo regularis***
ヒキガエル属　分布：西アフリカ～アフリカ中南部、エジプト、エチオピア　体長：60～130mm
サバンナの湿った場所から耕作地まで生息。(M)

**ヘリグロヒキガエル** ***Bufo melanostictus***
ヒキガエル属　分布：台湾、中国、スマトラ、インドネシア、ネパール　体長：80～100mm
森林から住宅地まで幅広く生息するポピュラー種。(U)

**マレーキノボリガマ** ***Pedostibes hosii***
キノボリガマ属　分布：マレーシア、タイ、ボルネオ、スマトラ
体長：50～100mm　写真はマレーシア・タマンネガラの渓流脇で撮影したもの。藪の枝の上でしきりに鳴いていた。(U)

# ニホンアマガエル

**学名** *Hyla japonica*　**漢字名** 日本雨蛙
**英名** Japanese tree frog

葉の上で休むニホンアマガエル。非繁殖期には草原や樹上にいることが多い　6月　千葉県（M）

**大きさ**　22～45mm（成体）
**鳴き声**　クワッ、クワッ、クワッ……
**生息場所**　地上、樹上
**分布・生息環境**　北海道、本州、四国、九州、佐渡島、隠岐島、壱岐島、対馬、大隅諸島と広範囲に分布している。海岸付近から市街地の植込みや公園、草原から高山帯付近まで生息している。
**特徴**　九州以北では最も小型でずんぐりしたカエルである。背中には黒い斑紋が出ることもあるが、滑らかで突起物はほとんどない。緑色や灰褐色の体色をしていることが多いが、周囲の環境によって灰色から緑色へ、あるいはその逆へと体色を変えることができる。ときどき青色や黄色の体色をした個体が見つかるが、これは皮膚にある複数の色素のうちの一部が欠落して起こる。

吸盤が発達しており、地上から草木の上までと活動場所は多様である。窓ガラスや屋外の自動販売機などに吸盤を使って登り、光に集まってくる虫を待ち受けている姿が見られる。

繁殖期は３～９月と地域や環境により

繁殖期以外でも雨の降る前などに鳴く。畑の天水用水瓶の縁で　6月　高知県（M）

脱皮する成体。脱皮殻は食べてしまう　8月　静岡県（M）

ジャンプして移動する　8月　山梨県（M）

異なるが、同所でも長期間になることもある。雄はのどを大きくふくらませて大きな鳴き声で鳴く。産卵には、水田、沼や湿地、雨後の水たまりなどの止水が利用される。250～800個の卵を時間をかけて少数ずつ何回にも分けて産卵する。

**類似種との識別**　シュレーゲルアオガエルやモリアオガエルの若い個体に似るが、本種では鼓膜の後ろに黒い線が入ることや、背中に斑紋が出ることなどで区別がつく。鳴き声は他の2種と明らかに異なる。

倒木の下で冬眠中。体色は土の色とほとんど同じ　1月　奈良県（S）

アマガエルといえばアジサイの葉の上などで「ケロケロ」と鳴くイメージだが、実際には「クワッ、クワッ」あるいは「ゲッ、ゲッ」と鳴く。シュレーゲルアオガエルと姿も鳴き声も混同されることが多い　7月　屋久島（U）

水面に浮上したあと、一気に産卵する　1月　滋賀県（S）

イネの根元に漂って付いた卵　6月　群馬県（M）

ニホンアマガエルの幼生。眼が離れていることと背中に黒点があることで容易に区別できる　5月　滋賀県（S）

あしが生え、尾だけが残った上陸直前の幼生　6月　岡山県（M）

# Topics ニホンアマガエルの色素変異

身近な生物の中で、保護色の例や体色変化の代表とされるのがニホンアマガエルである。そのあまりの見事さに、まわりの環境の色に合わせて体色を変化させているように見えるのだが、実際は温度や湿度、光などさまざまな要因が影響した結果として保護色になるのである。眼で環境を判断して変化させているわけではないのだ。

色彩の変化は、皮膚下にある黄色色素胞、グアニン細胞、黒色色素胞の3種類の色素粒が凝集したり広がったりすることによる。これらの色素細胞が突然変異したり、遺伝的に欠落することがまれにあり、それらは色素変異個体と呼ばれ、各地で見つかっている。全身が青い個体は黄色色素胞内のカロチノイド粒の欠如によるもので、全身が黄色で眼の赤い個体は黒色色素胞の欠如（完全アルビノ）によるもの。

ニホンアマガエルの色素変異個体。腹が半透明　千葉県（U）

上陸した完全アルビノの幼体　山梨県（U）

黄色色素欠乏個体　神奈川県（U）

全身がブルーの色素変異個体　千葉県（U）

色素変異個体　千葉県（U）

# ハロウェルアマガエル

**学名** *Hyla hallowellii* **漢字名** ハロウェル雨蛙
**英名** Hallowell's tree frog

草の上を移動中のハロウェルアマガエルの成体 4月 奄美大島（M）

**大きさ** 30〜40mm（成体）
**鳴き声** ウギー、ウギー、ウギー……
**生息場所** 地上、草地、樹上
**分布・生息環境** 喜界島、奄美大島、加計呂麻島、請島、徳之島、与論島、沖縄島、西表島（?）などの南西諸島に分布している。ただし西表島では記録されて以来、生息の確認はなされていない。村落周辺から水田、草原、山中の沼や池などに生息している。
**特徴** 長めの四肢をもつスマートで小型のカエル。雄はのどの鳴嚢を大きくふくらませて鳴く。吻端は短く、尖っていない。背中の皮膚は滑らかで斑紋は出ない。暗緑色や淡黄緑色の体色をしていることが多い。腿の裏側がオレンジ色を呈することもある。

吸盤が発達しており、同じような色合いの草の葉や樹上にいることが多く、姿を見つけるのは難しい。

繁殖期は3～5月で、水田や沼、湿地、貯水槽などの止水が利用され、少数の卵を何回にも分けて産卵する。

学名と和名は、日本産両生爬虫類の研究者でトノサマガエルなどの命名者でもあるハロウェル氏Hallowellにちなんだもの。

**類似種との識別** アマミアオガエルやオキナワアオガエルの若い個体に似ているので間違いやすいが、本種の吻端は短く尖っていない。鳴き声は他の2種と明らかに異なる。

水田で抱接するペア　4月　奄美大島（M）

雨の日、雄は池の周辺や樹上、草上で鳴き交わす　5月　奄美大島（M）

# 外国産アマガエル科

**ホエアマガエル** *Hyla gratiosa*
アマガエル属
分布：米南西部の沿岸一帯
体長：50〜70mm
繁殖期に犬の吠えるような声で鳴くので、この名がある。(U)

**ハイイロアマガエル** *Hyla versicolor* アマガエル属
分布：カナダ、米東部　体長：50〜60mm
樹上性の中型アマガエル。体色は名前の通りの灰色から薄い緑色までさまざま。(U)

**アメリカアマガエル** *Hyla cinerea* アマガエル属
分布：米デラウェア州〜テキサス州　体長：32〜64mm
水場近くの樹上に生息する。体側に白い線条が入る。(U)

**キマダラアマガエル**
***Hyla abraccata***
アマガエル属
分布：メキシコ南部～
コロンビア
体長：25～30mm
高湿度の熱帯林に生息
している。(M)

**フチドリアマガエル**　***Hyla leucophyllata***
アマガエル属　分布：アマゾン川流域　体長：33～36mm
広範囲に分布し、体色、模様のバリエーションは豊富。(U)

**ブチアマガエル**　***Hyla punctata***
アマガエル属　分布：アマゾン川流域一帯
体長：33～38mm
背に赤いスポット（ぶち）が入る。
平地の森などに見られる。(U)

**イスパニョーラアマガエル**　***Hyla vesta***
アマガエル属　分布：イスパニョーラ島
体長：雌では130～140mm以上
この仲間では最大種。レッド・リストの危急種に指定。(U)

**コガシラアマガエル**　***Hyla microcephala***
アマガエル属　分布：メキシコ、コスタリカ
体長：24～30mm　やや乾燥した地域に生息するが、
繁殖期（雨季）には水辺に集まる。(U)

# ニホンアカガエル

**学名** *Rana japonica*　**漢字名** 日本赤蛙
**英名** Japanese brown frog

水辺で活動中のニホンアカガエルの雄　5月　埼玉県（M）

**大きさ**　35～67mm（成体）
**鳴き声**　キョキョキョキョ……
**生息場所**　地上
**分布・生息環境**　本州、四国、九州、隠岐、大隅諸島、八丈島（人為分布）に分布するが、本州中部の一部には分布しない地域がある。平地や丘陵地の水田や湿地などに生息するが、山間部には少ない。水田を産卵場所にすることが多く、圃場整備の影響で急速に数が減っている。
**特徴**　平地で普通に見られる黒褐色から赤茶色の中型のカエルである。吻端はやや尖り、背面は平滑でほとんど突起物は見あたらない。鼓膜部分が黒く染められ、眼から後ろにのびる背側線は明瞭で、ほとんど折れ曲がりはない。背面や体側には黒い連続または独立した模様が出るが、腹面にはない。雄は繁殖期に盛んに鳴くが、明瞭な鳴嚢をもたない。

本州のカエルでは産卵が一番早くはじまり、12月から産卵する地域もある。繁殖は地域により差があるが1～5月に行われる。ヤマアカガエルと生息域が重複する地域では産卵期が重なる場合もある。冬季に繁殖に出てきた個体は、産卵終了後、休眠に入る。卵塊はややつぶれた球状で、中に500～3000個の黒褐色の卵が入っている。オタマジャクシの背面には1対の黒斑がある。
**類似種との識別**　ヤマアカガエルに酷似するが、本種の背側線は真っ直ぐにのびている。鳴き声も多少異なる。雄には鳴嚢がないため、鳴いているときものどはふくらまない。

水田周辺で活動中の雌　5月　熊本県（M）

早春の雨の中、水田で産卵するペア　2月　千葉県（M）

水田の卵。寒さで卵が凍死することもある　2月　千葉県（M）

ニホンアカガエルのオタマジャクシ　5月　滋賀県産（S）

自分の頭より大きなイナゴを捕食する　9月　滋賀県（S）

# ツシマアカガエル

**学名** *Rana tsushimensis* **漢字名** 対馬赤蛙
**英名** Tsushima brown frog

繁殖のため水辺に現れたツシマアカガエルの雄 3月 対馬（M）

**大きさ** 30～45mm（成体）
**鳴き声** キュキュキュキュ……
**生息場所** 地上
**分布・生息環境** 対馬に分布。平地の水田や池などの周辺から山間地まで生息している。
**特徴** 対馬固有の小型のカエルで、黒褐色から赤茶色の体色をもつ。背面は平滑であるが、小さい顆粒状突起がまばらに出る。眼の後部から鼓膜部分が黒く染められている。眼から後ろにのびる背側線は鼓膜の後ろで緩く外側に折れ曲がっている。背中線はない。吻端はやや丸みを帯びている。背面や体側に斑紋が出ることがあり、腹面にはまだらの模様がある。雄は鳴嚢をもたないため、小鳥のように「キュキュキュキュ」と小さな声で鳴く。

繁殖期は1～4月で、水田や池、沼、湿地、側溝など、止水の浅い部分で産卵が行われる。産卵場所、産卵期がチョウセンヤマアカガエルと重なる場合がある。卵塊はややつぶれた球状で、中に400～500個の黒褐色をした卵が入っている。学名は「対馬産のアカガエル」の意味。
**類似種との識別** チョウセンヤマアカガエルと同所にいるが、本種の雄は鳴嚢をもたないことや、より小型であることで区別がつく。若い個体や幼体は、形態での区別は難しい。 〔準絶滅危惧（NT）〕

産卵場所の水田に現れた卵をもった雌　3月　対馬（M）

水田の水たまりで産卵中のペア　3月　対馬（M）

産み出された卵塊　3月　対馬（M）

発生が進んだ卵　3月　対馬（M）

小川の止水部で育つオタマジャクシ　5月　対馬（M）

# リュウキュウアカガエル

**学名** *Rana okinavana* **漢字名** 琉球赤蛙
**英名** Ryukyu brown frog

島内のさまざまな環境で目にするリュウキュウアカガエル　10月　沖縄島（U）

**大きさ**　34～50mm（成体）

**鳴き声**　キュキュキュ……

**生息場所**　地上

**分布・生息環境**　奄美大島、徳之島、沖縄島、久米島に分布している。平地の池や沼の周辺から山間部の森林、林道や河川源流付近まで生息する。

**特徴**　黒褐色から赤茶色の体色をもつ南西諸島固有の中型のカエルである。体幅は狭くスマートな体形である。背面は平滑であるが、小さい顆粒状突起が鮫肌状におおっている。眼から後ろにのびる背側線は鼓膜の後ろで緩く折れ曲がることが多い。上顎の半分が白く、眼の後部から鼓膜部分が黒く染められている。背面に斑紋が出ることがあり、腹面にはまだらの模様がある。背中線は出ない。鳴嚢をもたないために小さな声で鳴く。

繁殖期は11～5月で、池や沼、湿地の浅い部分から河川の源流部、林道の水たまりで産卵が行われる。小規模ではあるが雄同士が雌を奪い合う「蛙合戦」が見られる。400～500個の黒褐色の卵が、小卵塊やばらばらの状態で産み出される。産卵期は寒い時期であるが、捕食者のヒメハブが産卵場所にたくさん集まってくる。学名は「沖縄産のアカガエル」の意味。

**類似種との識別**　同所には間違いやすいカエルはいないが、黒っぽい個体はハナサキガエルに似ている。過去に石垣島に本種が分布すると記載されたことがあるが、ヤエヤマハラブチガエルの間違いと思われる。　〔準絶滅危惧（NT）〕

通常は雌雄のペアだが、ときには雌を奪い合うこともある　12月　沖縄島（M）

川の源流部に産み出された卵　12月　沖縄島（M）

上陸した幼体。水の湧き出る村道で　5月　奄美大島（M）

川の浅瀬に集まったオタマジャクシ　12月　沖縄島（M）

# タゴガエル

**学名** *Rana tagoi tagoi*　**漢字名** 田子蛙
**英名** Tago's brown frog

渓流で活動するタゴガエル　6月　宮崎県（M）

**大きさ**　30～58mm（成体）
**鳴き声**　ググーググー……
**生息場所**　地上
**分布・生息環境**　本州、四国、九州に分布。山地から高山帯までの、森林や高山、草原などで生活している。
**特徴**　黒褐色から赤茶色の体色をした中型のカエルである。四肢はやや太くて短く、ずんぐりした体形をしている。背面は平滑であるが側面は小さな顆粒状の突起が多い。背面には模様が出ることもあるが、あごの下に暗色の斑紋があるのが特徴である。

繁殖期は３～７月で、環境や標高で異なる。産卵場所は渓流沿いの伏流水や、沢の岩や落葉などの堆積物の下で、白い卵を30～160個かためて産み付ける。まれに開けた場所で集団産卵することもある。雄は渓流沿いの岩や苔の下で鳴く。そのため繁殖期には、雄の鳴き声は聞こえるが姿を見かけることは少ない。地域によっては、繁殖期間および体長組成の異なる２つのタイプが同所的に分布していることが確認されている。

繁殖場所の沢に現れた成体　4月　栃木県（M）

非繁殖期にはクモや小昆虫などを捕食しており、山道を歩いていると飛び出してくることもある。高山にもすみ、高山植

抱接し産卵場所へ移動するペア　3月　平戸島（M）

タゴガエルの生息する伏流水の岩棚　3月　和歌山県（U）

こぼれ落ちそうな白い卵　5月　愛媛県（S）

物のお花畑で見かけたり、雪渓の下から鳴き声が聞こえたりする。和名および学名は両生類学者の田子勝弥氏にちなむ。

**類似種との識別**　ヤマアカガエルとはのどの下の斑紋で判別できる。ナガレタゴガエルとは本種のみずかきがあまり発達していないことで区別できることが多い。

白っぽい体色の個体　6月　和歌山県（U）

# オキタゴガエル

**学名** *Rana tagoi okiensis* **漢字名** 隠岐田子蛙
**英名** Oki Tago's brown frog

林道や渓流付近でよく目にするオキタゴガエル 9月 隠岐島（S）

繁殖期、渓流の中で活動する成体 3月 隠岐島（M）

沢の岩の下に産み出された卵塊 3月 隠岐島（M）

**大きさ** 38〜53mm（成体）
**鳴き声** グクッ、グクッ、グッ、グッ、グッ……
**生息場所** 地上
**分布・生息環境** 隠岐島の島後（とうご）に分布している。丘陵地帯から山間部の渓流付近に生息する。
**特徴** 黒褐色から赤茶色の体色をした中型のカエルである。四肢は、本州のタゴガエルに比べやや細くて長い。体の幅も狭くスマートな体形をしている。背面は平滑であるが側面には小さな顆粒状突起が多い。背側線は鼓膜の後ろで外側に曲がっており、背中線はない。背面には模様が出ることもあり、あごの下に薄い斑紋がある。雄はあごの後ろに1対の鳴嚢をもつ。

繁殖は2〜3月に行われ、渓流沿いの伏流水のある穴や岩の下に、卵塊をかためて産み付ける。非繁殖期には山間部や渓流付近でクモや小昆虫などを捕食している。
**類似種との識別** 同島に分布するニホンアカガエルに似ているが、本種の生息地である山間部の渓流沿いにはニホンアカガエルは生息していない。

# ヤクシマタゴガエル

**学名** *Rana tagoi yakushimensis* **漢字名** 屋久島田子蛙
**英名** Yakushima Tago's brown frog

抱接して産卵場所へ向かうヤクシマタゴガエルのペア　3月　屋久島（M）

湧水のある土手の穴に産み付けられた卵　3月　屋久島（M）

子ども。雨の多い屋久島は苔も多い　4月　屋久島（M）

**大きさ**　37～54mm（成体）
**鳴き声**　グウッグウッグググ……
**生息場所**　地上
**分布・生息環境**　屋久島に分布する。山間部の森林帯や渓流、高層湿原にも生息している。
**特徴**　黒褐色から赤茶色の体色をした中型のカエル。四肢はやや太短く、頭と体は幅広く、全体にずんぐりした体形をしている。背面は平滑であるが、側面には小さな顆粒状突起が多い。背側線は鼓膜の後ろで緩く外側に曲がっている。背面に模様が出ることもある。あごの下には薄い斑紋がある。雄はあごの後ろに鳴囊を1対もつ。

繁殖期は10～4月で、渓流沿いの岩の下や落葉などの堆積物の下、屋久島の豊富な水がつくりだす伏流水のある沢、高層湿原の苔の下などで行われる。球形状の卵塊の中に、60～120個の卵が入っている。繁殖期には、苔の下や岩の隙間から鳴き声が聞こえる。非繁殖期には山間部や渓流付近でクモや小昆虫などを捕食している。
**類似種との識別**　屋久島には近似種のアカガエルは分布していない。

# ナガレタゴガエル

**学名** *Rana sakuraii* **漢字名** 流田子蛙
**英名** Stream brown frog

早春、水中で雌を待つナガレタゴガエルの雄。水中での生活が長いため皮膚がたるんでいる 3月 東京都（M）

**大きさ** 38～60mm（成体）
**鳴き声** ググググ、ググググ……
**生息場所** 地上
**分布・生息環境** 近畿、中部、関東、北陸の低い山間部の森林帯に分布する。普段は林床部やその周辺に生息しているが、越冬と繁殖は渓流の中で行われる。
**特徴** 体色は暗褐色から赤褐色で、のどの下にタゴガエル同様に暗色の細かい斑点がある。鼓膜の周囲は黒いが、鼓膜は不明瞭なことが多い。背側線は鼓膜の後ろでやや外側に折れ曲がっている。背面は平滑で雲状模様が出ることもある。体側には小さな顆粒状突起が出ていることが多い。腹面には斑点状の模様が出ることがある。後肢のみずかきは非常に発達している。繁殖期間中は皮膚がたるみ、木の葉状になる。

雌雄とも秋に水中に入り、川底の堆積物や岩の下で繁殖期まで過ごす。繁殖期になると、よどみや淵などの流れの緩やかな場所に集まる。産卵場所では雄は鳴きながら水中を徘徊して雌を待ち、ときには流木や魚に抱き付くこともある。

発生が進む卵 3月 東京都（M）

雌は渓流中の岩や石の下に100個前後の白い卵塊を産み付ける。オタマジャクシは石や堆積物の下で過ごす。非繁殖期には森林の中で過ごすが、詳しい生態は

抱接し産卵場所を探すナガレタゴガエルのペア。後肢のみずかきが発達しているのがわかる　3月　東京都（M）

ナガレタゴガエルの卵　3月　東京都（U）

魚のカジカに抱きついたナガレタゴガエルの雄。繁殖期には別種のカエルはもちろん、小魚や流木などにも抱きつくことがある　3月　東京都（M）

四肢が生えて上陸間近な幼生　5月　東京都（M）

わかっていない。学名は、1978年に東京都奥多摩で本種を発見した写真家の桜井淳史氏にちなむ。

**類似種との識別**　タゴガエルやヤマアカガエルと同所に分布しているが、本種ののどには暗色の細かい斑点があり、なおかつ後肢のみずかきがよく発達することで、これら2種と識別できる。

# エゾアカガエル

**学名** *Rana pirica*　**漢字名** 蝦夷赤蛙
**英名** Ezo brown frog

水たまりで雌を待つエゾアカガエルの雄　5月　北海道（M）

**大きさ**　46～72mm（成体）
**鳴き声**　キュア、キュア……
**生息場所**　地上
**分布・生息環境**　北海道に分布している。平地の池や湿地周辺から、森林や渓流、高山部まで生息する。
**特徴**　黒褐色から赤茶色の体色をもつ中型のカエルである。四肢は短めで、吻端は丸く、頭部は短い。頭と体の幅は広い。背面は平滑であるが小さい顆粒状突起がまばらに出る。鼓膜部分が黒く染められ、眼から後ろにのびる背側線は鼓膜の後ろで緩く外側に折れ曲がっている。背面や側面には黒い斑紋が出るが個体差は大きい。腹面には薄く雲状の模様があり、雄は下顎に左右1対の鳴嚢をもつ。

繁殖期は分布地域や標高により差があるが3～7月である。池や沼、湿地などの浅い部分や林道の水たまりなどで産卵が行われる。卵塊はややつぶれた球状で、700～1100個の黒い卵が入っている。オタマジャクシの背面には斑紋は出ない。成体は池や湿地の水底で越冬すると思われている。

森の中で活動する成体　7月　北海道（M）

学名は「美しいアカガエル」の意味で、アイヌ語に由来する。
**類似種との識別**　北海道には本種に似たアカガエルは分布していない。

エゾアカガエルの抱接。水ぬるむ頃、道内のさまざまな環境で見かける　4月　北海道（U）

湿原に産み出された卵　5月　北海道（M）

ミミズを食べるオタマジャクシ　7月　北海道（M）

水辺で活動する子ども　6月　北海道（M）

# ヤマアカガエル

**学名** *Rana ornativentris* **漢字名** 山赤蛙
**英名** Montane brown frog

産卵場所近くに現れたヤマアカガエルの雄　5月　栃木県（M）

**大きさ**　40～80mm（成体）
**鳴き声**　キャララ、キャララ……
**生息場所**　地上
**分布・生息環境**　本州、四国、九州、佐渡島に分布している。平地から丘陵地の水田や湿地、山間部の比較的高地まで生息している。平地ではニホンアカガエルに比べ数は少ない。
**特徴**　黒褐色から赤茶色の体色をもつ中型のカエルである。吻端の尖りはやや鈍く、頭の幅はニホンアカガエルに比べやや広い。背面は平滑であるが、小さい顆粒状突起がまばらに出る。鼓膜部分が黒く、眼から後ろにのびる背側線は、鼓膜の後ろで外側に折れ曲がっている。背面や側面には黒い斑紋が出るが、のどや下顎にも出ることがある。雄は下顎の基部に左右1対の鳴嚢をもち、繁殖期には大きくふくらませて鳴く。
　分布域が広いため繁殖期間には幅がある。2～6月に水田や渓流部の止水、池や沼、湿地などの浅い部分で産卵が行われる。ニホンアカガエルとは産卵場所、産卵期が重なる場合がある。タゴガエル、ナガレタゴガエルとは繁殖期が同じでも産卵場所は異なる。卵塊はややつぶれた球状で、中に1000～1900個の黒褐色の卵が入っている。オタマジャクシの背面に斑点が出ることはない。学名は「腹に模様をもつアカガエル」の意味。
**類似種との識別**　ニホンアカガエルに似ているが、本種では背側線が眼の後ろでV字型に折れ曲がっていることで判別できる。雄は鳴嚢の有無でも確認できる。

繁殖期に水田で鳴くヤマアカガエルの雄。同所でニホンアカガエルも産卵しているため、
鳴き声は重要な識別サインとなる　2月　千葉県（M）

浅場に上陸してきた幼体。まだ尾が残っているが変態完了まであと一歩　3月　東京都（U）

水辺から離れた石の下で越冬するヤマアカガエル
11月　和歌山県（U）

沢の浅瀬で産卵中のペア　5月　栃木県（M）

雪の積もった湿地に産み付けられた卵塊　3月　滋賀県（S）

早春の雨の日、抱接するペア　2月　千葉（M）

尾が吸収され、上陸したばかりの幼体　3月　東京都（U）

## ★ヤマアカガエルの発生（水温によって発生速度はかなり変化する）

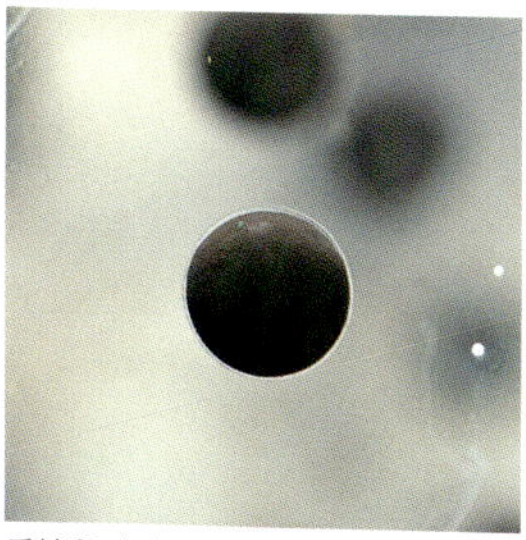
受精卵（U）

嚢胚期（U）

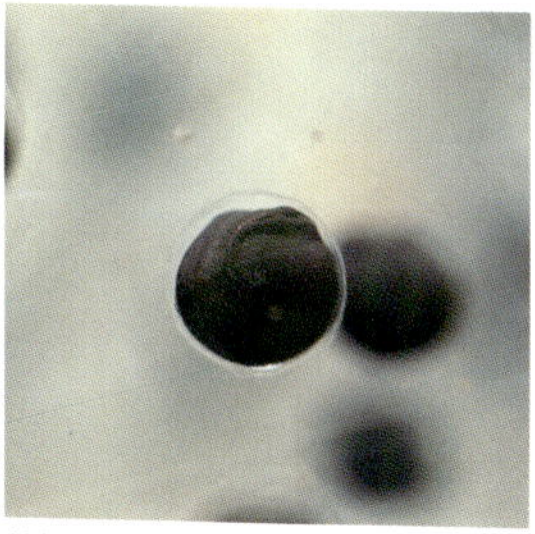
神経胚。約3日後（U）

尾胚期初期。約5日後（U）

尾胚期後期（U）

外鰓期幼生。約10日後（U）

卵嚢から出て泳ぎ出す。約2週間後（U）

外鰓が目立つ幼生（U）

外鰓がなくなりオタマジャクシとなる（U）

4～5か月間はオタマジャクシで過ごす　6月　滋賀県（S）

# チョウセンヤマアカガエル

**学名** *Rana dybowskii* **漢字名** 朝鮮山赤蛙
**英名** Dybowski's brown frog

渓流近くの山中にいたチョウセンヤマアカガエルの雌　4月　対馬（M）

**大きさ**　50～85mm（成体）
**鳴き声**　キャララ、キャララ……
**生息場所**　地上
**分布・生息環境**　対馬に分布している。平地の水田や池などの周辺から山間地まで生息する。
**特徴**　黒褐色から赤茶色の体色をもつ四肢の長い中型のカエルである。背面は平滑であるが、小さい顆粒状突起でおおわれている。鼓膜は大きく明瞭な暗黒色であるが、眼の後部下と鼓膜の間は黒くならない。眼から後ろにのびる背側線は、鼓膜の後ろで外側に折れ曲がっている。背中線はない。吻端は丸みを帯びている。雄の腹面は白いが、雌にはまだらの模様が出る場合がある。雄は下顎の基部に1対の鳴嚢をもっている。

繁殖期は2～5月。水田や池、沼、湿地、側溝など止水の浅い部分で産卵が行われる。ツシマアカガエルと産卵場所、産卵期が重なる場合がある。卵塊はややつぶれた球状で、中に1000個前後の黒褐色をした卵を含む。

学名は、19世紀に東シベリア地域の生物相を研究したポーランド人の生物学者ディボウスキー Benedykt Dybowski にちなむ。

**類似種との識別**　ツシマアカガエルと同所にいるが、本種の成体は鳴嚢をもつことや、大きいことで区別がつく。若い個体や幼体の場合は、形態での区別が難しい。朝鮮半島に生息するチョウセンヤマアカガエルとは同一種である。

〔準絶滅危惧（NT）〕

水たまりを泳いで移動する雌　4月　対馬（M）

草原で活動中のチョウセンヤマアカガエルの成体
3月　対馬（M）

発生が進んだ卵　3月　対馬（M）

産卵場所として利用される林道の側溝　3月　対馬（M）

# トノサマガエル

**学名** *Rana nigromaculata* **漢字名** 殿様蛙
**英名** Black-spotted pond frog

繁殖期に水田に現れたトノサマガエルの成体 6月 岡山県（M）

**大きさ** 38～94mm（成体）
**鳴き声** グルルル、グルルル、ググゲ……
**生息場所** 地上
**分布・生息環境** 本州（関東平野、仙台平野を除く）、四国、九州、北海道の一部（人為移入）に分布する。池や湿地、沼、河川などにもいるが、水田で見られる代表的なカエル。
**特徴** やや大きめの中型で均整のとれたスマートなカエル。背面は平滑であるが、明確な背側線と背中線があり、短い不規則な線状突起が複数ある。雄の体色は茶褐色から緑色までさまざまであるが、雌は灰白色から暗灰色で、背面に連続した黒色斑紋を多数もつ。特に繁殖期には雄は黄金色の婚姻色となるが、雌の体色に変化はない。雄はあごの左右に1対の鳴嚢をもつ。雌には鳴嚢はないが、鳴くこともある。

繁殖期は4～6月であるが、水田を繁殖場所にしている場合は、水田の水利管理に影響される。卵塊はつぶれた円形状で、1800～3000個の卵が内包されている。同所に分布するナゴヤダルマガエルやトウキョウダルマガエルとの境界部では本種との雑種が見つかっている。

トノサマガエルの名の由来は、姿が殿様のように悠然としているところからといわれる。学名は「黒い斑紋をもつカエル」の意味である。

**類似種との識別** 同所にはナゴヤダルマガエルが分布しているが、背中線や斑紋の連続模様で区別がつく。

黄色の婚姻色をした雄。繁殖期に体色が変わるのは雄だけである　5月　愛知県（M）

産卵のために水田に現れた雌。繁殖期でも体色は変わらない　5月　愛知県（M）

トノサマガエルはジャンプに適したスマートな体形だ。かなりの距離をジャンプできる　7月（S）

雌を求めて湿地で鳴く雄。この日は雌が現れることはなかった　5月　岡山県（M）

ごくまれに、このようなアルビノ個体がまとまって見られることもある　愛知県（U）

トノサマガエルの抱接。近年は各地で個体数が減少している　5月　和歌山県（U）

バッタを捕食。動くものには素速く反応する　6月　和歌山県（U）

## ★トノサマガエルの発生（水温によって発生速度はかなり変化する）

嚢胚後期（U）

神経胚期。約3日後（U）

尾芽胚期（U）

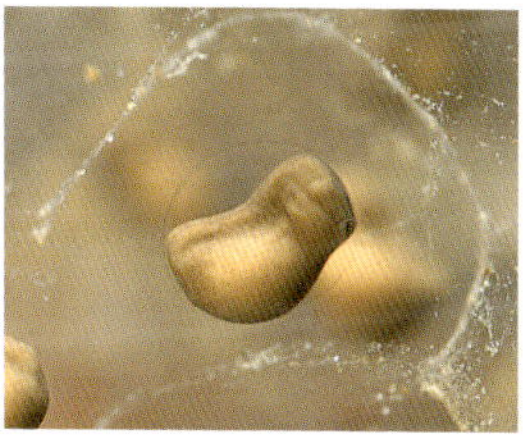
尾芽胚期。約5日後（U）

外鰓期幼生。約1週間後（U）

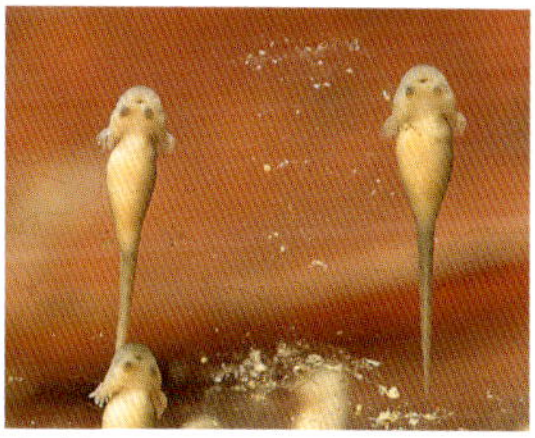
泳ぎ出た外鰓期幼生。10-15日後（U）

外鰓が少し残る（U）

オタマジャクシとなった（U）

後あしが出る。約3週間後（U）

前あしも出そう。約1か月後（U）

四肢がすべて出そろう（U）

上陸が始まった（U）

1か月半が経過し、尾が吸収されつつある幼体（U）

2か月弱で、変態が完了した（U）

# トウキョウダルマガエル

**学名** *Rana porosa porosa*　**漢字名** 東京達磨蛙
**英名** Tokyo Daruma pond frog

繁殖期に水田で盛んに鳴くトウキョウダルマガエルの雄　6月　埼玉県（M）

**大きさ**　39～87mm（成体）
**鳴き声**　ウゲゲ、ウゲゲ……
**生息場所**　地上
**分布・生息環境**　関東平野、仙台平野、新潟県と長野県の一部、北海道の一部（人為移入）に分布している。池や湿地、沼、河川などにもいるが、水田の周辺に多く生息している。
**特徴**　中型でトノサマガエルに似るが、四肢がやや短い。トノサマガエルが生息しない地域でも、本種が「トノサマガエル」の名称で呼ばれることが多い。背面は平滑で、明確な背側線と背中線がある。背面の黒色の斑紋は孤立している場合が多く、模様の形状は粗密さまざまである。体色は茶褐色から緑色まで変化に富み、雌雄の差は見られない。腹面には模様がなく白い。雄はあごの左右に1対の鳴嚢をもち、繁殖期には水面を移動しながら鳴く。昆虫やカニ、クモ、小さなカエル、小動物などあらゆるものを食べる。
　繁殖期は4～7月で、水田や沼、河川の止水で行われる。雌は800～2000個の卵を少数ずつ何回にも分けて産み、卵塊を形成することもある。大型の雌は、1回の繁殖期間中に複数回産卵する場合もある。トノサマガエルと分布域が重なる場所では、雑種が見つかっている。
**類似種との識別**　本種では背中の黒色斑紋が独立していることで、トノサマガエルとの識別ができる。繁殖期の雄は婚姻色が出ないので区別がつく。亜種ナゴヤダルマガエルとは同所に分布しない。

〔準絶滅危惧（NT）〕

繁殖期の雄でも体色が変わることはなく、雌雄の差も見られない　5月　埼玉県（M）

水田に産み付けられた卵塊　5月　千葉県（M）

抱接し、産卵間近のペア　5月　埼玉県（M）

ニホンアマガエルを呑み込む　5月　埼玉県（M）

アルビノ個体　埼玉県産（U）

# ナゴヤダルマガエル

**学名** *Rana porosa brevipoda* **漢字名** 名古屋達磨蛙
**英名** Daruma pond frog

秋の水田で活動する岡山種族のナゴヤダルマガエルの雄　10月　岡山県（M）

**大きさ**　35〜73mm（成体）
**鳴き声**　ギュウ、ギュウ……
**生息場所**　地上
**分布・生息環境**　中部地方南部、東海、近畿地方中部、瀬戸内海地方に分布している。瀬戸内海地方の岡山種族と、東海・近畿地方の名古屋種族に分けられる。岡山種族の生息場所は限定されており、絶滅が危惧されている。池や湿地、沼、河川などにもいるが、水田の周辺に多く生息している。
**特徴**　四肢が短く、ややずんぐりした中型のカエル。背面には平滑で明確な背側線があり、大きさの異なる黒色斑紋が散在する。斑紋同士がつながることはまれである。岡山種族には背中線がないが、名古屋種族にはある個体が多い。体色は茶褐色から緑色まであり、雌雄の差はない。雄はあごの左右に1対の鳴嚢をもつ。岡山種族と名古屋種族では鳴き声がやや異なる。昆虫などを食べるが、小さなカエルを食べることもある。

水田に産み出された卵　5月　愛知県（M）

繁殖期は4〜7月で、水田や沼、河川の止水で産卵する。産卵は1度に1300〜2200個の卵を小さな卵塊に分けて産む。年2回産卵する場合もある。同所に分布するトノサマガエルとの雑種が見つかっている。
**類似種との識別**　同所にはトノサマガエルが分布しているが、本種では背中の模様が独立していることで判別できる。

〔絶滅危惧ⅠB類（EN）〕

背中線のある名古屋種族の成体。黒い斑紋は独立し、つながっていない　5月　愛知県（M）

田んぼの畔で鳴く　6月　岡山県（M）

ナゴヤダルマガエルの雌　6月　岡山県（M）

繁殖期に水田で鳴く雄　5月　愛知県（M）

# ツチガエル

**学名** *Rana rugosa* **漢字名** 土蛙
**英名** Wrinkled frog

沢の近くで活動中のツチガエル　7月　北海道（M）

**大きさ**　37～53mm（成体）
**鳴き声**　ギュー、ギュー……
**生息場所**　地上
**分布・生息環境**　北海道西部、本州、四国、九州、佐渡島、隠岐島、壱岐島、五島列島などに分布する。海水がかかる水たまり、水田や湿地、河川、山間部の渓流などの水辺周辺に生息している。
**特徴**　体色は暗灰色から灰褐色で、背面に多数のいぼ状の短い隆条突起をもつ小型カエルである。イボガエルとも呼ばれ、体から特異な臭いを放つ。背側線はないが、背中線の出る個体もある。活動期も水辺の周辺からほとんど離れず、驚くと水中に飛び込んで逃げる。

有名な「古池やかわず飛び込む……」の「かわず」は、この句が作られた場所や時期から、同所にいるトウキョウダルマガエルよりツチガエルの可能性が高いと考えられる。繁殖期の雄はのどの鳴嚢をふくらませて鳴く。

渓流の水辺で成長する子ども　4月　栃木県（M）

繁殖期は５～９月で、雌は水草や水中の枝などに小さな卵塊をいくつも産み付ける。１回の産卵数は690～2600個程度で、卵の色は茶褐色。１回の繁殖期に２度産卵する雌もいるといわれる。海岸近くでは海水が飛び込むような水たまりで

抱接した産卵直前のペア。産卵は何回にも分けて行われる　6月　埼玉県（M）

大きなコオロギを捕まえたツチガエル　9月（S）

水中の枝に産み付けられた卵。イネや水中の草の茎なども利用される　8月　千葉県（M）

産卵することもある。オタマジャクシの一部はその年の秋までに変態するが、越冬し翌年変態する個体もいる。泥の中で越冬する。

**類似種との識別**　中部、四国、中国、九州地方にはよく似たヌマガエルがいるが、鳴き声が全く異なり鳴囊がハート形。ヌマガエルはいぼ状突起が少ない。

雄の鳴囊には、いぼ状突起がある　9月　和歌山県（U）

# ウシガエル（ショクヨウガエル）

**学名** *Rana catesbeiana* **漢字名** 牛蛙
**英名** American bull frog

ウシガエルはわが国最大級のカエルで、眼の後ろの鼓膜が大きいのが特徴　5月　和歌山県（U）

**大きさ**　110～185mm（成体）
**鳴き声**　ブウオーン、ブウオーン……
**生息場所**　地上
**分布・生息環境**　北海道、本州、四国、九州、徳之島、沖縄島、石垣島などに分布する。原産地は北米東部で、国内での分布はすべて人為移入である。平地の河川やダム、池、沼、湿地、水田など水辺周辺に生息する。
**特徴**　体色は暗褐色から緑色で、国内では最大級のカエル。鳴き声が牛に似ているところからウシガエルと呼ばれる。背面は平滑であるが、微細な突起により鮫肌状となっている。背側線や背中線はなく、小斑から雲状斑の変化に富む模様でおおわれている。眼の後ろに大きな鼓膜をもつ。

1918年に当時の政府がアメリカから移入、食肉用として全国に養殖を奨励した。ショクヨウガエルとも呼ばれる。その後、太平洋戦争中に閉鎖された養殖場から逃げ出した個体が、全国で野生化した。同時に、このカエルの餌として移入されたアメリカザリガニも日本各地に広がってしまった。

成体は、他のカエルや昆虫、小鳥や小哺乳類まで食べる。非繁殖期には水辺周辺や水面におり、驚くと「キャウー」と鳴いて、水中に潜る。土中や池の底で越冬する。

繁殖期は5～9月で、6000～4万個の卵を水面にシート状に産む。その年に変態しなかったオタマジャクシは越冬し、翌年変態する。オタマジャクシも国内では最大となる。
**類似種との識別**　成体は他のカエルと大きさが全く異なるので区別できる。鳴き声も全く異なる。

水辺のウシガエル。驚くと「キャウー」と鳴いて水中に潜る　7月　千葉県（M）

ウシガエルの餌として同時に持ち込まれたアメリカザリガニを捕食。どちらも代表的な帰化生物だ　7月（S）

アルビノの成体。アルビノは目立つので野外で大きな成体を見るのはまれである　3月　福岡県（M）

水面にシート状に広がる卵　6月　滋賀県（U）

越冬したオタマジャクシ　7月　千葉県産（M）

# ヌマガエル

**学名** *Fejervarya limnocharis* **漢字名** 沼蛙
**英名** Indian rice frog

産卵のために水田に現れたヌマガエルのペア　4月　奄美大島（M）

**大きさ**　29～55mm（成体）
**鳴き声**　ギャウギャウギャウ……
**生息場所**　地上
**分布・生息環境**　本州中部以西、四国、九州、先島諸島を除く南西諸島に分布している。千葉県、神奈川県、埼玉県、栃木県には人為移入。水田や湿地、河川などの水辺周辺に生息している。
**特徴**　暗灰色から灰褐色で、四肢が短くずんぐりした中型のカエル。背面はまばらな隆条突起と小さな顆粒状突起でおおわれている。背側線はないが、背中線をもつ個体もある。腹面は白く、雄はのどに鳴嚢をもち黒っぽい斑紋を呈することがある。主に小昆虫を食べる。繁殖期の雄は、のどの鳴嚢をハート形にふくらませて水辺で鳴く。

繁殖期は4～8月で、産卵場所は水田や沼の浅い部分や雨の水たまりなどである。卵は茶褐色で、1回の産卵数は1100～1400個である。大きな卵塊ではなく、少量ずつ何回にも分けて産み付けられる。オタマジャクシは同所で産卵するツチガエルのオタマジャクシと似ているが、銀白色の斑点は出ない。オタマジャクシ（幼生）は高温に強い耐性を備えている。学名は「沼の女神のカエル」の意味である。
**類似種との識別**　南西諸島以外では同所に外形の似たツチガエルが生息しているが、本種の腹面は暗色にならないことや、雄ののどの鳴嚢の形状がハート形であることなどで区別できる。鳴き声も全く異なる。

繁殖期に鳴くヌマガエルの雄。ハート形にふくらむ鳴嚢にはいぼ状突起がない　8月　滋賀県（S）

冬眠するヌマガエル　2月　滋賀県（S）

水田の畔ぎわに産み付けられた茶褐色の卵　8月　岡山県（S）

水田で育ち、上陸を始める幼生　7月　岡山県（M）

# サキシマヌマガエル

**学名** *Fejervarya sakishimensis* **漢字名** 先島沼蛙
**英名** Sakishima rice frog

背中線があるサキシマヌマガエルの成体。海岸付近から山中まで生息している　5月　西表島（M）

**大きさ**　41～70mm（成体）
**鳴き声**　クゥアー、クゥアー、ウゲッウゲッ……
**生息場所**　地上
**分布・生息環境**　先島諸島に分布している。海岸近くの湿地、水田や河川から山中まで生息している。
**特徴**　暗灰色から灰褐色のずんぐりした中型のカエルだが、ヌマガエルより後肢は長い。背面は隆条突起と小さな顆粒状突起でおおわれる。背側線はないが、幅の広い明瞭な背中線をもつ個体もある。また背面が暗緑色になる個体もいる。腹面は白く、雄はのどに鳴嚢をもち、黒っぽい斑紋を呈することがある。繁殖期の雄は鳴嚢をハート形にふくらませて水辺で鳴く。

繁殖期は3～8月で、産卵は水田や沼の浅い部分、スコールや雨のあとの水たまりで行われ、雌は少量ずつ何回にも分けて卵を産み付ける。産卵数は3300～3800個で、卵の色は茶褐色をしている。サギ類やヘビなどによく捕食され、繁殖期にはこのカエルを狙うヘビが産卵場所に集まる。西表島では、イリオモテヤマネコの主要な餌生物となっている。

後ろあしが生えてきたオタマジャクシ。あと1か月くらいで変態終了　宮古島（S）

**類似種との識別**　同所に中～小型のリュウキュウカジカガエル、ヒメアマガエル、ヤエヤマハラブチガエルが生息しているが、本種は背面に明瞭な隆条突起が多数あることで識別できる。

背中線の見られない個体
9月　与那国島（U）

湿地で活動中の成体。
繁殖期には鳴き声が
大合唱となる　8月
西表島（M）

水たまりで成長が進む卵　1月　西表島（M）

湿地に産み出された直後の卵　4月　西表島（M）

# ナミエガエル

**学名** *Limnonectes namiyei* **漢字名** 波江蛙
**英名** Namie's frog

渓流付近で活動するナミエガエルの成体。水辺で見かけることが多い　9月　沖縄島（M）

**大きさ**　72～117mm（成体）
**鳴き声**　グォーッ、グォーッ……
**生息場所**　地上
**分布・生息環境**　沖縄島北部に分布。山間部の森林、林道や河川の源流付近に生息している。沖縄県では天然記念物になっている。
**特徴**　暗茶褐色をした大型のカエル。体幅があり、四肢が太短く、ずんぐりした体形である。頭幅が広いために吻端が短く尖って見える。背面には不規則なしわと顆粒状突起が散在する。眼の瞳の部分が菱形で赤褐色をしているのが特徴。

山間部の渓流や水たまり付近で見かけることが多い。驚くと水辺の岩の隙間や穴に逃げ込むか、水中に潜って身を隠す。サワガニやエビ、渓流付近に多い昆虫などを食べている。

繁殖期は４～７月で、渓流源流部の浅い砂泥質の川床や、林道の水たまりなどで産卵が行われる。卵径2.5mmほどの卵が、卵塊とならずばらばらの状態で産み出される。和名、学名は波江元吉博士にちなんだもの。

瞳が菱形で赤みが強い　1月　沖縄島（M）

**類似種との識別**　同所に生息するホルストガエルと大きさや体色が似ているが、本種のほうが体形が扁平で、瞳が菱形であることから容易に判別できる。

〔絶滅危惧ⅠB類（EN）〕

ナミエガエルの若い個体　8月　沖縄島（M）

浅い川底にばらばらに産み出された卵　4月
沖縄島（M）

山中で見かけた成体。水辺から遠く離れることはない　1月
沖縄島（M）

上陸した幼体　8月　沖縄島（M）

産卵場所となる川底の浅い渓流源流部　8月　沖縄島（M）

# イシカワガエル

**学名** *Rana ishikawae* **漢字名** 石川蛙
**英名** Ishikawa's frog

繁殖期に産卵場所である渓流に現れたイシカワガエルの成体　1月　沖縄島（M）

**大きさ**　88～120mm（成体）
**鳴き声**　ピョウー、ピョウー……
**生息場所**　地上
**分布・生息環境**　奄美大島、沖縄島に分布している。徳之島からも記録があるが最近は確認されていない。奄美大島、沖縄島北部の山間部の森林や渓流付近に生息している。沖縄県、鹿児島県の天然記念物に指定されている。
**特徴**　全身が大小のいぼ状突起におおわれた大型のカエル。緑色の体色に金色から金紫色の斑紋が背面全体をおおい、日本で一番美しいカエルともいわれている。腹面は平滑で薄い斑紋におおわれている。沖縄島産と奄美大島産では斑紋にやや違いが見られる。雄には下顎基部に1対の鳴嚢があり、繁殖期にはこれを大きくふくらませて鳴き交わす。四肢の指には吸盤があり、かなり高い樹木に登ることがある。繁殖期には渓流付近で多数の個体を見かけるが、非繁殖期には森林に分散している。若い個体は通年渓流付近で見られることが多い。

繁殖期は沖縄島では1～2月、奄美大島では4～5月である。産卵は山地渓流の岩の割れ目や伏流水のある横穴などで行われる。穴の中に淡黄色の卵を1000個前後、塊として産む。山間部に多いサワガニやムカデなどを食べている。和名・学名は、動物学者で東京帝国大学教授の石川千代松博士にちなむ。
**類似種との識別**　大型ガエルとしてはホルストガエル、オットンガエル、ナミエガエルなどが同所に生息するが、体色や鳴き声は全く異なる。

〔絶滅危惧ⅠB類（EN）〕

奄美大島のイシカワガエルは、沖縄島のものと斑紋や突起が異なる　4月　奄美大島（M）

イシカワガエルの子ども　8月　沖縄県（M）

滝の上で鳴くイシカワガエルの雄　4月　奄美大島（M）

沢で育つオタマジャクシ　5月　奄美大島（M）

イシカワガエルの顔（U）

# ハナサキガエル

**学名** *Rana narina* **漢字名** 鼻先蛙
**英名** Okinawa tip-nosed frog

渓流に現れたハナサキガエルの成体 12月 沖縄島（M）

繁殖期、林の中にいる成体 1月 沖縄島（M）

沢の周辺で、上陸したばかりの幼体 9月 沖縄島（M）

**大きさ** 40～75mm（成体）
**鳴き声** ピーッ、ピョ、ピッ……
**生息場所** 地上
**分布・生息環境** 沖縄島北部に分布している。山間部の森林や渓流周辺に生息している。
**特徴** 茶褐色から暗緑色の体色をもち、四肢の長い中型のカエルである。頭や体の幅は広くなくバランスのとれた体形をしており、距離と高さのあるジャンプをする。背面はほぼ平滑であるが、小さな顆粒状突起が全面をおおっている。眼から後ろにのびる背側線は明瞭でないが、小突起がまばらに並んでいる。背面に斑紋が出ることがあり、また腹面にはまだらの模様がある。四肢の指に吸盤をもち、後肢の指の間にはよく発達したみずかきがある。

木に登ることもあるが、主に林床や沢でくらし、小昆虫やアリなどを好んで食

## Topics 相手が違うよ（その1）

繁殖期に、カエルの雄が異種のカエル、ときには魚やサンショウウオに抱きつくことがあるが、これを異種間抱接という。これは水田の減少や水利事情で、同時期の産卵、繁殖環境がほかになく、産卵場所を共有する場合などに発生する。

カエルの場合、鳴き声で種間隔離されるが、繁殖期の発情した雄は近くで動くものにはとりあえず抱きつくという習性がある。同種の雄に抱きついた場合には「リリースコール」が発せられ、抱接をやめる。しかし他種のカエルや、鳴き声を発しない生物では抱きつかれたままになり、ときには死亡にいたることもある。

シュレーゲルアオガエルに抱きつくニホンアマガエル（S）

ヌマガエルに抱きつくリュウキュウカジカガエル（S）

滝壺の岩に産み付けられた卵　2月　沖縄島（M）

渓流にいた若い個体　1月　沖縄島（M）

べている。雄は下顎の基部に1対の鳴嚢をもち、繁殖場所の岩の上などで鳴いている。

繁殖期は12～3月で、産卵場所は山間部の渓流の岩の根元や滝壺などである。150～250個の白色をした卵を、塊として岩壁に付着させる。寒い時期ではあるが、繁殖期には捕食者であるヒメハブが産卵場所にたくさん集まってくるのも見られる。

学名も「鼻のカエル」の意味で、鼻孔が他のカエルより吻端部に近いところにあることに由来する。

**類似種との識別**　同所にはリュウキュウアカガエルが生息しているが、本種では眼の後ろから鼓膜にかけて黒くならないことで見分けがつく。両種とも暗褐色の個体で、かなり似ている。

〔絶滅危惧Ⅱ類（VU）〕

# アマミハナサキガエル

**学名** *Rana amamiensis* **漢字名** 奄美鼻先蛙
**英名** Amami tip-nosed frog

林道に現れた大きなアマミハナサキガエル　8月　奄美大島（M）

産卵場所の滝壺に多数の個体が集まる　4月　奄美大島（M）

渓流の岩に産み付けられた卵　5月　奄美大島（M）

**大きさ**　55～101mm（成体）
**鳴き声**　ピキュ、ピキュ、ピッ……
**生息場所**　地上
**分布・生息環境**　奄美大島、徳之島に分布している。山間部の森林や渓流に生息する。
**特徴**　長い後肢をもち、ジャンプ力のすぐれたスマートな中型のカエル。鼻孔が他のカエルより吻端部に近いところにある。頭や体の幅は狭く、背面はほぼ平滑であるが、小さな顆粒状突起が全面をおおう。背側線は明瞭ではないが、小突起が点在する。

体色は暗褐色から緑色をしているが、背面に斑紋が出ることがあり、腹面には白くまだらの模様がある。四肢の指に吸盤をもち、後肢の指の間にあるみずかきはよく発達している。サワガニ、小昆虫

## Topics 相手が違うよ（その2）

シュレーゲルアオガエルに抱きつくトウキョウダルマガエル（M）

ヒメアマガエルに抱きつくリュウキュウアカガエル（S）

ウシガエルに抱きつくアズマヒキガエル（M）

ヒキガエルに抱きつくヤマアカガエル（M）

カスミサンショウウオに抱きつくタゴガエル（M）

シュレーゲルアオガエルに抱きつくヤマアカガエル（M）

などを食べている。雄は下顎の基部に1対の鳴嚢をもち、繁殖場所の岩の上などで鳴いている。

繁殖期は奄美大島では10～5月、徳之島では12～1月で、奄美大島では年に2回産卵するともいわれている。産卵場所は山間部の渓流や滝壺などで、1500個前後の淡黄色の卵を、塊として岩壁に付着させる。繁殖シーズンには捕食者であるハブやヒメハブが産卵場所にたくさん集まってくる。

学名は「奄美のアカガエル」の意味である。

**類似種との識別**　同所にはリュウキュウアカガエルが生息しているが、本種は眼の後ろから鼓膜にかけて黒くならないことで見分けることができる。

〔絶滅危惧Ⅱ類（VU）〕

# オオハナサキガエル

**学名** *Rana supranarina* **漢字名** 大鼻先蛙
**英名** Large tip-nosed frog

産卵場所近くで鳴くオオハナサキガエル 12月 石垣島（M）

抱接し産卵場所に向かうペア 12月 石垣島（M）

産み出された卵と成体 1月 石垣島（M）

**大きさ** 59～115mm（成体）
**鳴き声** ウキュ、キュ、ウキュー……
**生息場所** 地上
**分布・生息環境** 石垣島、西表島に分布する。海岸のマングローブ林周辺の湿地から山間部の森林、渓流などに生息している。
**特徴** 中型のスマートなカエルで、前肢が太く、後肢はハナサキガエルより短い。鼻孔が他のカエルより吻端部に近いところにある。頭や体の幅は狭く、背面は平滑であるが、鼓膜のまわりを小さな顆粒状突起がおおう。背側線は明瞭ではないが、小突起が点在する。体色は暗褐色から緑色をしている。背面に斑紋が出ることがあり、紋には変化が多い。腹面は茶褐色から白色で、まだらの模様がある。サワガニ、小昆虫、クモなどを食べている。雄は下顎の基部に1対の鳴嚢をもち、繁殖場所の周辺で鳴く。

繁殖期は10～4月で、山間部の渓流の滝壺、岩盤上の水たまり、海岸付近の湿地など産卵場所は多様である。淡黄色をした680～1600個の卵を、数十個の小卵塊から大きな塊として産み付ける。

繁殖期には、このカエルの捕食者であるサキシマハブが産卵場所付近に普段より多く見られる。

学名は「ハナサキガエルを超えるカエル」の意味である。

**類似種との識別** 同所にはヤエヤマハラブチガエル、コガタハナサキガエルが生息しているが、ヤエヤマハラブチガエルには白い背中線があるので識別できる。コガタハナサキガエルは体長が6cm以下なので、より大型である本種の成体との識別はできる。しかし幼体の識別は難しい。

〔準絶滅危惧（NT）〕

# コガタハナサキガエル

**学名** *Rana utsunomiyaorum* **漢字名** 小型鼻先蛙
**英名** Utsunomiya's tip-nosed frog

渓流の産卵場所近くに集まってきたコガタハナサキガエルの雄　1月　石垣島（M）

**大きさ**　40～60mm（成体）
**鳴き声**　キョー、ピョ、ピョー……
**生息場所**　地上
**分布・生息環境**　石垣島、西表島に分布している。山間部の森林や渓流周辺にいるが、同所に分布するオオハナサキガエルより生息範囲は狭い。
**特徴**　茶褐色から暗緑色の体色をもつ渓流沿いに多いカエル。背面に斑紋が出ることがあり、腹面にはまだらの模様がある。背面はほぼ平滑であるが、小さな顆粒状突起が全面をおおう。眼から後ろにのびる背側線は明瞭でないが、小突起がまばらに並んでいる。四肢の指に吸盤をもち、沢の岩の上などによく登っている。小昆虫やアリなどを食べている。雄は下顎の基部に１対の鳴嚢をもち、繁殖場所の岩の上などで鳴いている。

繁殖期は２～４月頃で、山間部の渓流中の滝壺や淵などにある岩に45～140個の白色の卵からなる卵塊を付着させる。卵径は同所に繁殖するオオハナサキガエルのものよりやや大きい。繁殖シーズンには、捕食者であるサキシマハブが産卵場所付近で多く見られる。

コガタハナサキガエルの雌　1月　石垣島（M）

学名は「宇都宮夫婦のカエル」の意味で、発見者の宇都宮妙子・泰明夫妻にちなむ。
**類似種との識別**　同所にはヤエヤマハラブチガエルやオオハナサキガエルが生息している。ヤエヤマハラブチガエルは背中線をもつことで、オオハナサキガエルは６cm以上あることで、それぞれ識別できる。〔絶滅危惧ⅠB類（EN）〕

# ヤエヤマハラブチガエル

**学名** *Rana psaltes* **漢字名** 八重山腹斑蛙
**英名** Yaeyama harpist frog

林の中で活動するヤエヤマハラブチガエルの成体 6月 西表島（M）

**大きさ** 42～44mm（成体）
**鳴き声** コッコッコッ……
**生息場所** 地上
**分布・生息環境** 石垣島、西表島に分布する。平地のマングローブ林、湿地や水田、山間部の森林や渓流付近まで生息している。
**特徴** 小型のカエル。暗褐色から明るい茶褐色で腹面は白い。四肢はあまり長くはなく、大きさや体色は雌雄でほとんど変わらない。後肢のみずかきはあまり発達していない。背面は平滑で明瞭な背側線がある。背中線は明瞭な個体と不明瞭な個体がいる。吻端から眼を通って鼓膜の後ろまで黒く染められている。

牛が放牧されている湿地、マングローブ林につづくサガリバナの林床などに多い。水田周辺や湿地、川の源流部などで鳴き声が聞かれ、鳥類の観察者などにはオオクイナの鳴き声と間違えられることがある。

繁殖期は７～11月で、湿地の泥にドーム状の巣穴を掘り、18～80個の卵を産む。巣穴は直径50～60mmで、上部に数mm前後の窓を残す。この巣穴を雌雄どちらが掘るのかは確認されていない。繁殖の巣穴に複数の個体が入っている場合もある。

以前は台湾産と同種とされていたが、近年、独立種として分類された。学名は特異な鳴き声から「琴を弾くカエル」の意味である。
**類似種との識別** 同所にはサキシマヌマガエルが生息しているが、背面の平滑度で判別できる。鳴き声は全く異なる。

〔絶滅危惧Ⅱ類（VU）〕

牛が放牧されている湿地にいたヤエヤマハラブチガエルの成体　8月　西表島（M）

巣の中のヤエヤマハラブチガエル　9月　石垣島（U）

上陸した幼体　8月　石垣島（M）

巣の中で発生が進む卵　8月　石垣島（M）

湿地に掘られた巣穴に産卵　8月　石垣島（M）

# オットンガエル

**学名** *Rana subaspera*　**漢字名** オットン蛙
**英名** Otton frog

林の中にいるオットンガエルの成体　5月　奄美大島（M）

**大きさ**　90～140mm（成体）
**鳴き声**　グッグッグッグフォン……
**生息場所**　地上
**分布・生息環境**　奄美大島、加計呂麻島に分布している。徳之島からも記録があるが確認されていない。山際の耕作地から森林部に生息しており、渓流部や湿地でよく見かける。
**特徴**　がっしりとした体形で茶褐色のヒキガエルに似た大型のカエル。頭幅、体幅が広く、太短い四肢をもつ。通常のカエルでは消失している一番内側の指が短く残っている。この指は先端がナイフのように鋭くなっており、捕らえると刺されることがある。背面には大小の隆起があり、背側線上に粒状突起が並んでいる。腹面は白色から薄い灰色で、薄い模様がある。繁殖期に雄はのどを大きくふくらませて鳴き交わす。

繁殖期は4～8月。湿地や渓流の浅瀬、林道の水たまりなどに30cm前後の丸くて浅い穴を掘って産卵する。川原の水たまりなどを利用することもある。この巣のプールの中にゼリー質に包まれた卵を1300個前後、シート状に産み出す。オタマジャクシの一部は越冬して翌年変態する。サワガニなどをよく捕食し、ときには小さなハブを食べることもある。学名は「やや隆起状のカエル」の意味。
**類似種との識別**　同所に生息する大型ガエルにはイシカワガエルがいるが、本種の体色は茶褐色であること、色の付いた斑紋がないことで区別がつく。鳴き声は全く異なる。　〔絶滅危惧ⅠB類（EN）〕

湿地や砂泥質の川床に丸いプール状の巣をつくり、その中に産卵する　7月　奄美大島（M）

他のカエル類は4本指だが、オットンガエルの前肢の指は5本で、5本目の指には鋭い爪がある（M）

オットンガエルの卵を食べるシリケンイモリ　7月　奄美大島（M）

尾がまだ残る上陸したばかりの幼生　8月　奄美大島（M）

オットンガエルの子ども　5月　奄美大島（M）

# ホルストガエル

**学名** *Rana holsti* **漢字名** ホルスト蛙
**英名** Holst's frog

土手の穴から出てきたホルストガエルの雄 6月 沖縄島（M）

**大きさ** 100～125mm（成体）
**鳴き声** グウォン、グウォン、グググ……
**生息場所** 地上
**分布・生息環境** 沖縄島、渡嘉敷島に分布する。山に隣接した耕作地から山間部の森林、渓谷付近に生息している。沖縄県の天然記念物になっている。
**特徴** 茶褐色の体色をした大型のカエルで、奄美大島産のオットンガエルに似る。体幅が広く、太短い四肢をもつ。前肢の指は５本で、５本目の指には短く鋭いナイフのような爪があり、抱きつくと露出して深く刺さる。背面はほぼ平滑で隆起がまばらにある。背側線上にやや大きめの隆起が点在する。腹面は平滑で、白色から淡黄色。薄い模様がある。繁殖期に雄はのどを大きくふくらませて鳴く。
　繁殖期は４～９月。産卵は、湿地や渓流の浅瀬、林道の水たまりなどに30cm前後の丸くて浅い巣穴を掘って行われる。川原の水たまりなどを利用することもある。巣穴をめぐって雄同士のなわばり争いも行われる。互いに走り寄って正面からぶつかり、取っ組み合いをする。
　巣のプールの中に、ゼリー質に包まれた800～1000個の卵がシート状に産み出される。オタマジャクシは越冬して翌年変態することもある。渓流に多いサワガニ、ムカデ、昆虫などを捕食し、ときには小さなヘビを食べることもある。
　和名・学名は標本の採集者であるホルスト氏にちなむ。
**類似種との識別** 同所にいるイシカワガエルとは体色が茶褐色であることと背面が平滑なことで、ナミエガエルとは瞳が丸いことで区別がつく。鳴き声は全く異なる。
〔絶滅危惧ⅠB類（EN）〕

渓流の源流部に現れたホルストガエル。体に多数のヒルがくっついている場合が多い　8月　沖縄島（M）

前肢の5本指。鋭い爪のある5本目の指の本来の用途はまだよくわかっていない（U）

砂泥質の川床に掘られたプールのような巣に産み付けられた卵　8月　沖縄島（M）

ホルストガエルの若い個体　6月　沖縄島（U）

あしが生えた上陸直前の幼生　8月　沖縄島（M）

# 外国産アカガエル科・アオガエル科

**アジアミドリガエル** *Rana erythraea* アカガエル属
分布：東南アジア　体長：30〜70mm
森林から宅地の水路まで広く見られる。(U)

**ブタゴエガエル** *Rana grylio* アカガエル属
分布：米東部　体長：120〜150mm
大型の水生ガエルで、その名の通りブタのような声で鳴く。(U)

**ワライガエル** *Rana ridibunda* アカガエル属
分布：ヨーロッパ〜ロシア南部　体長：90〜150 mm
大型になる水生ガエル。人の笑う声に似た鳴き声を出すのでこの名がある。(U)

**ブロンズガエル** *Rana clamitans* アカガエル属
分布：米ノースカロライナ州〜テキサス州
体長：80〜100mm　鳴き声が楽器のバンジョーに似ていることから、バンジョーフロッグの名がある。(U)

**カブトシロアゴ** *Polypedates otilophus*（右と左）
シロアゴガエル属　分布：ボルネオ、スマトラ
体長：60〜100mm　水面上の枝などに泡巣をつくり産卵する。水辺に多い。(U)

**ババトラフガエル** *Rana rugulosa* アカガエル属
分布：台湾、中国南部〜ミャンマー　体長：70〜125mm
ボルネオには人為移入されている。アジアの食用蛙の代表種。止水域にすみ、昆虫や甲殻類、魚、蛙を食べる。(S)

**タイワンシロアゴ** *Polypedates megacephalus*
シロアゴガエル属　分布：台湾、中国南部、チベット、インド　体長：40〜60mm　台湾では渓流から水田などで目にする機会が多い。(U)

# Topics 卵塊の形状のいろいろ

**ひも状の卵塊** ヒキガエル類に特異な形状で、アズマヒキガエル(写真)、ミヤコヒキガエル、オオヒキガエルなどのヒキガエル全種に共通する。(M)

**球状の卵塊** アカガエル類に多い形状で、ニホンアカガエル(写真)、トノサマガエルなどで見られる。タゴガエルでは小卵塊、卵の色は黄白色で植物極が大きい。(M)

**泡状の卵塊** アオガエル類に特徴的な形状で、アマミアオガエル、モリアオガエル(写真)、シュレーゲルアオガエル、シロアゴガエルなどに見られる。(M)

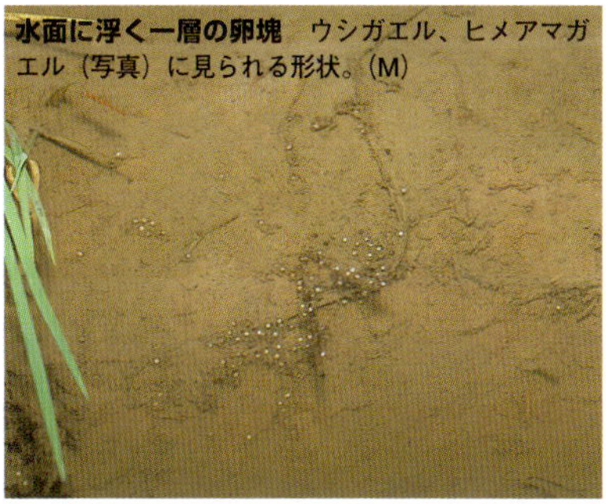

**水面に浮く一層の卵塊** ウシガエル、ヒメアマガエル(写真)に見られる形状。(M)

**不規則な小卵塊およびばらばらの卵** ナミエガエルに見られる形状。(M)

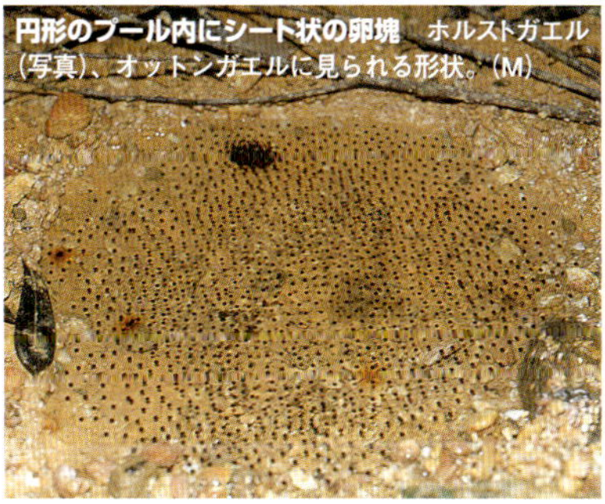

**円形のプール内にシート状の卵塊** ホルストガエル(写真)、オットンガエルに見られる形状。(M)

**水面上の壁面に付着したばらばらの卵** アイフィンガーガエルに見られる形状。(M)

**水中の水草の茎などに付着した卵塊** ツチガエルに見られる形状。(M)

# モリアオガエル

**学名** *Rhacophorus arboreus* **漢字名** 森青蛙
**英名** Forest green tree frog

繁殖期に雌を待つ有紋型のモリアオガエルの雄　6月　静岡県（M）

**大きさ**　42～82mm（成体）
**鳴き声**　コロロ、コロロ、コココ……
**生息場所**　地上、樹上
**分布・生息環境**　本州、佐渡島に分布する。水田、丘陵部から高山帯まで生息している。岩手県の大揚沼、福島県の平伏沼が繁殖地として国の天然記念物に指定されている。
**特徴**　暗褐色から緑色をした中型のカエル。背面は平滑で、細かな顆粒状突起で鮫肌状になっている。四肢の指には発達した吸盤があり、樹上生活に適している。背面に茶褐色の模様の出る個体群（有紋型）と出ない個体群（無紋型）が明確に分かれている。腹面は淡黄色で、のどに薄い模様が出ることもある。後肢の腹面には模様がある。眼の虹彩はシュレーゲルアオガエルの黄色よりも赤みを帯びている。雄はのどに単一の鳴嚢をもち、のどの色がやや黒ずむ。

繁殖期は4～7月で、水田の畔や林道の水たまり、池や沼の周辺の樹木の枝先に、白い泡状の卵塊を産み付ける。道路の側溝や人家の貯水槽などで産卵する場合もある。1匹の雌に複数の雄が抱接し産卵に加わる。100mm程度の楕円形をした卵塊の中には、2.6mm大の淡黄色の卵が300～800個入っている。樹上に産み付けられた卵は1～2週間でオタマジャクシに成長し、水中へと落下する。水中ではイモリなどの天敵が待ちかまえている。

多数の泡状卵塊が産み付けられた木。条件がよければ昼間でも産卵が行われる　6月　静岡県（M）

無紋型のモリアオガエルの成体　6月　栃木県（M）

学名は「樹上生の、ボロをまとったもの」の意味である。

**類似種との識別**　同所で同じ体色をしたカエルにはシュレーゲルアオガエルがいるが、本種は背面の皮膚がざらついていることや、眼の虹彩がオレンジ色であることなどから区別できる。鳴き声は似るが音質が低い。

1匹の雌に多数の雄が参加して産卵する　6月　栃木県（M）

水面に張り出した木の枝で産卵を行う。はるか下の水面をどうやって確認しているのか興味深い　6月　和歌山県（U）

樹上で雌が登ってくるのを待つモリアオガエルの雄たち　6月　静岡県（M）

抱接した雄を背に、木を登って産卵場所に向かう雌。途中で複数の雄が集まってくる　6月　静岡県（M）

落下するオタマジャクシ　6月　和歌山県（U）

産卵後約1か月ほど経った幼生　7月　滋賀県（S）

上陸した幼生。この時期、池の周辺は子ガエルでいっぱいになる　8月　静岡県（M）

池の周辺で成長した子ども　11月　静岡県（M）

背側に細かな斑紋があるタイプの雄　6月　三重県（U）

# シュレーゲルアオガエル

**学名** *Rhacophorus schlegelii* **漢字名** シュレーゲル青蛙
**英名** Schlegel's green tree frog

草の葉上で休むシュレーゲルアオガエル　5月　静岡県（M）

**大きさ**　32〜53mm（成体）
**鳴き声**　コロコロ、ココココー、カカカカー……
**生息場所**　地上、樹上
**分布・生息環境**　本州、四国、九州、五島列島に分布。水田、丘陵部から高山部まで生息している。
**特徴**　暗褐色から鮮やかな緑色をした小型のカエル。背面は平滑で、黄色い斑紋が出る個体もいる。腹面は淡黄色で、雄はのどに単一の鳴嚢をもち、のどの色がやや黒ずむ。鳴き声は同所に生息するモリアオガエルより高音である。鳴き声が聞こえても、地中や草陰、石の隙間などに隠れているので姿を見ることは少ない。四肢の指には発達した吸盤があり、樹上生活に適している。眼の虹彩は黄色。
　繁殖期は生息環境で異なるが2〜8月で、普通は4〜6月である。水田の畔や池や沼の周辺の土中に白い泡状の卵塊を産み付ける。岩の割れ目や水辺の草の上に産卵する場合もある。1匹の雌に複数の雄が抱接し、産卵に加わることもある。30〜110mmほどの楕円形の卵塊の中に、2.5mm大の淡黄色の卵が100〜660個入っている。土中の卵は1〜2週間でオタマジャクシに成長し、雨とともに水中へと流れ出す。学名、和名はライデン博物館長だったH.シュレーゲルにちなむ。

シュレーゲルアオガエルの子ども　7月　新潟県（M）

**類似種との識別**　同所で同じ体色のニホンアマガエルとは、本種の鼓膜周辺が黒くならないことで識別される。モリアオガエルとは大きさが異なること、虹彩が赤みを帯びていないことで区別がつく。

産卵によい場所をめぐって、後肢を巧みに使い、
なわばり争いをする雄　4月　高知県（M）

抱接するシュレーゲルアオガエル　4月　和歌山県（U）

繁殖期にのどをふくらませて鳴く雄　4月　高知県（M）

水田の畔で産卵するペア。完全に土の中で産卵する場合が多い　6月　静岡県（M）

卵から孵って、雨とともに水田に流れ出すオタマジャクシ
7月　群馬県（M）

黄色の斑紋が出た個体。紋は独立してつながることはない
5月　栃木県（M）

# アマミアオガエル

**学名** *Rhacophorus viridis amamiensis* **漢字名** 奄美青蛙
**英名** Amami green tree frog

雨に濡れて青みがかったアマミアオガエル　1月　奄美大島（U）

**大きさ**　45～77mm（成体）
**鳴き声**　グィリー、グィリー、ググ……
**生息場所**　地上、樹上
**分布・生息環境**　奄美大島、徳之島に分布する。海岸付近の草原から山間部の森林まで生息している。
**特徴**　暗褐色から鮮やかな緑色をした中型のカエル。背面は平滑で細かな顆粒状突起が鮫肌状におおう。背面には背側線や背中線はなく、斑紋は出ない。腹面は白っぽく、薄い模様が出ることもある。四肢の指には発達した吸盤がある。後肢の腹面に薄い模様が出る場合と、砂粒状模様をもつ場合がある。虹彩は鮮やかな緑色になることもある。雄はのどに単一の鳴嚢をもち、のどの色がやや黒ずむ。
　繁殖期は12～5月で最盛期は1～2月である。水田の畔や林道の水たまり周辺、池の土手に、100mmほどの楕円形をした白い泡状の卵塊を産み付ける。道路の側溝や人家の排水溝などでも産卵することがある。卵塊の多くは水際の地面に近いところで見かけるが、樹上の木の枝に産み付ける場合もある。卵塊の中には2.4mm大の淡黄色の卵が入っている。本種はオキナワアオガエルの亜種で、学名は「奄美の緑色のアオガエル」の意味。

産卵中の雌　4月　奄美大島（M）

**類似種との識別**　同所的にすむ同じ体色のハロウェルアマガエルは、吻端が鼻孔より先で丸まっていることで本種と識別できる。鳴き声も全く異なる。

# オキナワアオガエル

**学名** *Rhacophorus viridis viridis* **漢字名** 沖縄青蛙
**英名** Okinawa green tree frog

抱接するオキナワアオガエル。雄は雌に比べて小さい 3月 沖縄島（S）

土中に産み付けられ発生が進む卵 4月 沖縄島（M）

オキナワアオガエルの雄 4月 沖縄島（M）

**大きさ** 41～68mm（成体）
**鳴き声** コロロ、コロロ……
**生息場所** 地上、樹上
**分布・生息環境** 沖縄島、伊平屋島、久米島に分布する。海岸付近の草原から山間部の森林まで生息している。
**特徴** 暗褐色から鮮やかな緑色をした中型のカエル。四肢の指には発達した吸盤がある。背面は平滑で細かな顆粒状突起が鮫肌状におおう。背面には背側線や背中線はなく斑紋も出ることはない。腹面は淡黄色から黄色で、薄い模様が出ることもある。背面と腹面の境界線付近に斑紋が出ることがあり、後肢の腿の後ろ面にも斑紋がある。眼の虹彩は黄色から鮮やかな緑色になることがある。雄はのどに単一の鳴嚢をもち、のどの色がやや黒ずむ。

繁殖期は12～7月だが最盛期は1～2月である。水田や湿地、林道の水たまり周辺や池の土手に白い泡状の卵塊を産み付ける。木の枝先や道路の側溝などで卵塊を見ることもあるが、土中に埋められている場合もある。100mm程度の楕円形をした卵塊の中には、淡黄色の2.2mmほどの大きさの卵が入っている。

学名は「緑色のアオガエル」の意味である。本州に分布するシュレーゲルアオガエルの近縁種と考えられている。

**類似種との識別** 同所にいるハロウェルアマガエルとは、本種の吻端が尖っていること、体幅が広いことなどで識別できる。茶褐色の個体はシロアゴガエルに似ているが、本種は背中に斑紋が出ない。また本種の卵塊は白っぽいが、シロアゴガエルの卵塊はやや赤みを帯びた淡褐色をしている。本種の鳴き声は、両種とは全く異なる。

# ヤエヤマアオガエル

**学名** *Rhacophorus owstoni* **漢字名** 八重山青蛙
**英名** Owston's green tree frog

雨の中、クワズイモの葉の上にいるヤエヤマアオガエルの成体　1月　西表島（M）

**大きさ**　42～67mm（成体）
**鳴き声**　フョロロロ、フョロロロ……
**生息場所**　地上、樹上
**分布・生息環境**　石垣島、西表島に分布。海岸付近の草原から山間部の森林まで生息している。
**特徴**　暗褐色から鮮やかな緑色をした中型のカエル。四肢の指には発達した吸盤があり樹上活動に適している。背面は平滑で細かな顆粒状突起が鮫肌状におおう。背面には背側線や背中線はなく、斑紋も出ることはない。腹面は淡黄色から赤黄色で、薄い模様が出ることもある。背面と腹面の境界線付近に斑紋が出ることがある。後肢の腿の後面は鮮やかなオレンジ色になることがあり、斑紋がある。眼の虹彩は黄色。雄はのどに単一の鳴嚢をもち、のどの色がやや黒ずむ。

繁殖の最盛期は12～4月である。水田や湿地、林道の水たまり周辺や池の土手に白い泡状の卵塊を産み付ける。木の枝先や道路の側溝、人家の庭のバケツや捨てられた発泡スチロールの箱などに産み付けることもある。100mm程度の楕円形をした卵塊の中に、淡黄色の2.5mm大の卵が入っている。産卵期には、周辺にサキシマハブやサキシママダラが多く出現する。

シダの上で産卵中のペア。普通は地上に産卵する場合が多い　8月　石垣島（M）

学名は採集者のA. オーストンにちなむ。シュレーゲルアオガエルやオキナワアオガエルの亜種とされたこともあるが、鳴き声は全く異なる。

**類似種との識別**　同所で同じ体色をしたカエルはいない。

# シロアゴガエル

**学名** *Polypedates leucomystax leucomystax* **漢字名** 白顎蛙
**英名** White-lipped tree frog

シロアゴガエルの成体。人家の庭から山中まで生息域は広い　8月　沖縄島（M）

**大きさ**　47～73mm（成体）
**鳴き声**　グギィー、グギィー……
**生息場所**　地上、樹上
**分布・生息環境**　沖縄島、宮古島、石垣島に人為分布する。海岸付近から山間部の林道沿いの森林まで生息するが、市街地周辺の耕作地に多い。原産地の東南アジアでは普通に見られる。日本では戦後に沖縄島で見つかった。米軍基地の資材にまぎれて侵入したと考えられている。
**特徴**　茶褐色のスマートな中型のカエルで、上顎が白い。背面は平滑で細かな顆粒状突起が鮫肌状におおう。明瞭な背側線や背中線はないが、幅のある帯状の斑紋が出ることがある。腹面は淡黄色で、後肢の腿の後ろ面に斑紋がある。四肢には発達した吸盤がある。雄はのどに単一の鳴嚢をもち、のどの色がやや黒ずむ。
　沖縄島での繁殖期は特定されていないが4～10月頃。4～8月に卵塊が、6月に沖縄市周辺で上陸した子ガエルが観察されている。水田や湿地、林道の水たまり周辺や池の土手に淡褐色の泡状の卵塊を産み付ける。木の枝先や道路の側溝、畑の天水桶などで卵塊を見ることもあるが、土中に埋め込まれている場合もある。80mm程度の楕円形をした卵塊の中には、淡黄色状の1.5mmの大きさの卵が400個前後入っている。学名は「白い上唇をもった、よく跳ねるもの」の意味。

樹上に産み付けられた卵塊　8月　沖縄島（M）

**類似種との識別**　同じくらいの大きさのオキナワアオガエルが同所にいるが、本種は緑色になることはない。オキナワアオガエルの卵塊は白っぽいが、本種の卵塊はやや赤みを帯びた淡褐色である。

# アイフィンガーガエル

**学名** *Chirixalus eiffingeri* **漢字名** アイフィンガー蛙
**英名** Eiffinger's tree frog

抱接し産卵場所に移動するアイフィンガーガエルのペア 8月 石垣島 (M)

**大きさ** 31~40mm (成体)
**鳴き声** ピィピィ、ピン……
**生息場所** 樹上
**分布・生息環境** 石垣島、西表島に分布する。海岸付近から山間部の森林内やその周辺に生息している。
**特徴** 淡灰色、淡褐色をした地味な小型のカエルで、樹上でくらす。背面は平滑で細かい顆粒状突起がある。背側線や背中線はなく、まだらの斑紋が出ることもある。腹面は淡黄色で、のどに薄い模様が出ることもある。四肢の指には発達した吸盤があり、樹上生活に適している。

雄はのどに単一の鳴嚢をもち、鳴き声は他のカエルに比べ「ピィピィ、ピン」と特異な声をしている。生活は森林部で行われ、森林と隣接する人家の庭木を生活の場とすることもあるが、草原や開けた場所に出ることはない。地域によっては、このカエルが庭に来ると不吉の前兆として、家族総出で探し出し、海の沖合に流す習慣があったという。

繁殖は1年を通して行われる。産卵場所は樹洞やクワズイモの茎などに溜まった水が利用される。竹の切株や岩の割れ目、捨てられた空き缶なども利用することがある。淡黄色の1.7mm大の卵が、水たまりの水面より少し上部の壁に10~50個ほど産み付けられる。雌がオタマジャクシの餌として無精卵を産み与えることが知られている。オタマジャクシは雌の肛門を突ついて産卵をうながす。

学名は「アイフィンゲル氏の、手をもった跳ねるもの」の意味である。イリオモテシロメガエルは本種の異名。
**類似種との識別** 同所によく似たリュウキュウカジカガエルが生息しているが、本種は後肢が短く、みずかきの発達も悪いことなどで識別可能である。鳴き声は全く異なる。

竹の切り株を繁殖場所にしているアイフィンガーガエル。産み付けられた卵が見える　1月　石垣島（M）

樹洞にたまった水よりも少し上部に産み付けられた卵。産卵は通年行われる　1月　石垣島（M）

樹上で活動中の成体　12月　石垣島（M）

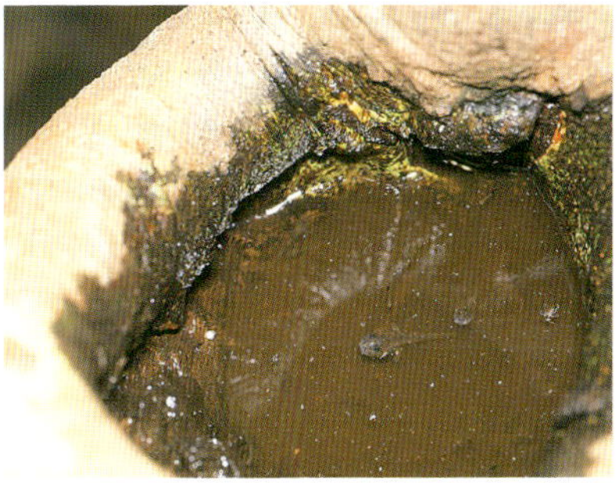

オタマジャクシ　9月　石垣島（U）

樹洞で成長し上陸した幼生　8月　石垣島（M）

# カジカガエル

**学名** *Buergeria buergeri* **漢字名** 河鹿蛙
**英名** Kajika frog

清流で鳴くカジカガエルの雄。鳴き声は川面に沿って流れていく 5月 埼玉県（M）

**大きさ** 37～69mm（成体）
**鳴き声** フィーフィーフィフィ……
**生息場所** 地上、樹上
**分布・生息環境** 本州、四国、九州に分布する。平野部から山地にかけての河川や、渓流周辺に生息している。
**特徴** 中型でアオガエル科に属しているが体色は茶褐色から灰白色で、緑色になることはない。背面はややざらざらしており、顆粒状突起が散在する。背面には背中線や背側線がなく、全面をまだら模様がおおう。河川の岩の上にいると保護色となり、見分けがつかない。腹面は淡黄色。雄はのどに単一の鳴嚢をもち、あごの下に薄い模様がある。昔から鳴き声が美しいことで知られ、詩歌や書物にしばしば登場する。江戸時代には風流人が、水を張った水盤にカジカガエルを入れ、鳴き声を鑑賞していた。本州には国の天然記念物に指定された鳴き声の名所もある。四肢の指には発達した吸盤が、後肢には発達したみずかきがあり、渓流に適応している。雄はなわばりをもち、よい鳴き場所をめぐって争いが行われる。

繁殖期は4～8月で、渓流中の岩石や瀬の転石などの下に潜って卵塊を産み付ける。卵塊の中には、2～3mmの卵が200～600個入っている。成長したオタマジャクシは川底の岩などについた藻類を食べて成長する。成体は繁殖期以外は河川の周辺の草原や森林で生活をする。

学名は「ビュルゲル氏のカエル」の意味である。ビュルゲル氏は薬学者で、シーボルトの助手として来日している。
**類似種との識別** 同所にツチガエルがいるが、本種は背面にいぼがないことや吸盤があることで区別できる。鳴き声は全く異なる。

よい石をめぐってなわばり争いをするカジカガエルの雄。石から落とされた方が負けだ　6月　高知県（M）

飛んできた虫に体ごと飛びついて捕食する雄　6月　高知県（M）

水中のカジカガエル　5月　和歌山県（U）

カジカガエルの顔　6月　埼玉県（M）

石の上のカジカガエル。川には同じような石がたくさんあるように見えるが、カジカガエルの雄にとっての「よい石」をめぐって、たびたび雄同士の争いが観察される　7月　和歌山県（U）

石の下で発生が進む卵　5月　千葉県（M）

川の浅瀬に集まったオタマジャクシ　5月　神奈川県（M）

オタマジャクシの頭部は、渓流に適した紡錘形をしている　8月　和歌山県（U）

石の上に上陸した幼体。しばらくは川の周辺で活動する　8月　千葉県（M）

清流の川面に、石が適度に顔を出している場所がカジカガエルに好まれる　5月　千葉県（M）

産卵に向かうペア。産卵場所は川の中の石の下　5月　埼玉県（M）

# リュウキュウカジカガエル（ニホンカジカガエル）

**学名** *Buergeria japonica* **漢字名** 琉球河鹿蛙（日本河鹿蛙）**英名** Ryukyu Kajika frog

小川の石の上にいるリュウキュウカジカガエル　3月　奄美大島（M）

**大きさ**　25～37mm（成体）
**鳴き声**　リィーリィリィリィ……
**生息場所**　地上
**分布・生息環境**　吐噶喇列島口之島以南の南西諸島に分布している。平野部の海岸付近、人家の周辺から山地の森林まで広く生息している。
**特徴**　茶褐色から灰褐色の体色をもつ小型のカエル。背面は小さな顆粒状突起でおおわれ、小さく短い隆起が点在する。背面の模様は、同一地域でも単一のものから複雑なものまでさまざまだが、腹面は白色で変異が少ない。四肢の指には発達した吸盤があり、後肢には発達したみずかきをもつ。雄はのどに単一の鳴嚢をもつ。

澄んだ鳴き声をしており、コオロギのようにも聞こえる。林道などで、常に少量の水が湧き出しているような場所に多数が集まっている。本種が多く集まる時期には、ガラスヒバァなどの捕食動物も多く見られる。普段は地上で見かけることが多いが、ときには草や低木に登ることもある。

繁殖期は地域によって異なるが、4～9月で、雨後の水たまり、側溝、池や沼、渓流の流れの少ないところに産卵する。海岸の塩水がかかるような場所や、空き缶まで利用される。産卵は少量ずつ何回かに分けて行われる。学名は「日本産のビュルゲル氏のカエル」の意味である。
**類似種との識別**　同所的にいるサキシマヌマガエルは、本種と違い四肢に吸盤をもたないことで区別がつく。石垣島、西表島では、よく似た樹上性のアイフィンガーガエルが同所にいるが、本種は地上にいることが多く、後肢が長いことで区別がつく。鳴き声は全く異なる。

リュウキュウカジカガエルの抱接。雌は雄を背中に乗せた状態でも、かなりジャンプを繰り返す　7月　奄美大島（U）

リュウキュウカジカガエルの卵　8月　石垣島（M）

林道で見かけた石と同じような色のリュウキュウカジカガエル　5月　奄美大島（M）

リュウキュウカジカガエルの子ども　8月　沖縄島（M）

オタマジャクシ　7月　奄美大島（M）

# ヒメアマガエル

**学名** *Microhyla okinavensis* **漢字名** 姫雨蛙
**英名** Ornate narrow-mouthed toad

シダの葉にいるヒメアマガエル。普段は地中や草の下にいる場合が多い　7月　沖縄島（M）

**大きさ**　22〜32mm（成体）
**鳴き声**　ギリリロ、ガラララ……
**生息場所**　地上
**分布・生息環境**　喜界島、奄美諸島以南の南西諸島に分布している。海岸近くから山間部まで生息している。
**特徴**　茶褐色をした日本最小のカエル。頭が小さく体の幅が広いため、将棋の駒のような体形をしている。小さめの前肢に比べ大きな後肢をもち、ジャンプ力にすぐれている。背中は平滑で雲状紋がある。背中線や背側線はない。

腹面は淡赤褐色で斑紋がある。雄はのどに鳴囊をもち、のどは黒い色素でおおわれる。雄は体に比べ大きな声で鳴くが、地中や草陰に隠れているので姿を見ることは難しい。四肢のみずかきはあまり発達していない。

繁殖期は３〜７月が普通であるが、地域と環境によっては通年産卵が行われる。人家のバケツから側溝、池や沼、雨後の水たまりなどあらゆる種類の水たまりが産卵場所として利用される。産卵は普通ペアで行われ、水面を移動しながら水中でときどき逆立ちをして水面に総排出口を出し、少量ずつ何回かに分けて卵を産み出す。1回に産む卵は数十個だが、総産卵数は270〜1200個になる。オタマジャクシの体は半透明で、内臓が透けて見える。成体はアリやダニ類を食べている。「アマガエル」の名前が付いているが、本種は全く違う科に属する。
**類似種との識別**　同所に小型のリュウキュウカジカガエルが生息しているが、本種は頭が小さく、将棋の駒のような体形で区別がつく。オタマジャクシの体は半透明で、他のカエルと間違えることはない。

小さな体に比べて大きすぎるほどの鳴嚢をもつヒメアマガエルの雄　3月　奄美大島（S）

産卵中のペア。逆立ちして水面に総排出口を出し、少量の卵を産み出す　4月　沖縄島（M）

林道の雨後の水たまりに現れたペア。産卵は水があれば場所を選ばない　2月　西表島（M）

オタマジャクシは半透明で内臓が透けている。同じ場所で発生の各段階が見られる　3月　西表島（M）

林の中では背の斑紋が保護色となり目立たない　1月　沖縄島（M）

# アオウミガメ

**学名** *Chelonia mydas mydas* **漢字名** 青海亀
**英名** Green turtle

悠然と泳ぐアオウミガメ。ダイバーが出会う機会も少なくない　ハワイ近海（Ka）

**大きさ**　甲長80～100cm（成体）

**分布・生息環境**　太平洋、大西洋、インド洋の熱帯域から温帯域にかけての海域と地中海などに分布している。日本では小笠原諸島、伊豆諸島、南西諸島など暖かい海域に多く生息し、日本海などでもごくまれに見られる。産卵地は、小笠原諸島や屋久島以南の南西諸島などに限られる。

**特徴**　背甲は滑らかで楕円形。頭部吻端側に位置する前額板は1対（2枚）で大きく、背甲に左右対をなして存在する肋甲板は4対で、最前の肋甲板は項甲板に接しない。また、甲板は互いに重ならない。下顎は鋸歯状になっている。背甲は青みがかった黒もしくは茶褐色であるが、変異に富む。腹甲は薄い黄色。

成体はアマモやスガモなどの平たくて幅のある葉を食べるが、幼体は甲殻類などを餌としている。

孵化後約40日の子ども（飼育個体）　久米島（U）

産卵は、小笠原諸島では5月中旬～8月。小笠原以外では西表島や慶良間諸島などが産卵場所となっている。巣穴を掘る場所はアカウミガメよりも陸寄りで、低木の生えている付近まで上陸する。1シーズンに最高で5回、平均で4回産卵する。1回の産卵数は平均して約110個である。〔絶滅危惧Ⅱ類（VU）〕

いっせいに海へと向かっていく子ガメたち　8月　小笠原（U）

産卵はアカウミガメよりも陸寄りで行われる　8月　嘉比島（Ka）

# アカウミガメ

**学名** *Caretta caretta* **漢字名** 赤海亀
**英名** Loggerhead turtle

頭部が大きく発達するアカウミガメ。本州沿岸で産卵を行うウミガメは本種だけである（飼育個体）（U）

**大きさ** 甲長70～100cm（成体）
**分布・生息環境** 太平洋、大西洋、インド洋の熱帯域から温帯域にかけての海域と地中海などに分布している。ただし、赤道付近の熱帯海域にはあまり生息していないため、分布は南北の半球で分断されている。日本では福島県以南の太平洋沿岸、南西諸島などで産卵を行う。ウミガメの仲間で本州や四国、九州などの沿岸で産卵を行うのは本種のみ。
**特徴** 背甲は卵円形、もしくはハート形。前額板は５枚だが２対（４枚）の個体も多い。背甲の肋甲板は基本的に５対であるが、こちらも変異は多い。最前の肋甲板は項甲板に接する。甲板は互いに重ならない。体色は赤褐色や茶褐色のものが多いが、バラエティーに富む。腹甲は淡い黄色。食性は海底の貝類やカニなどの甲殻類が多く、このため頭部が大きく発達している。

生態については現在でも不明な点が多いが、近年の研究で本種は成長の過程でかなりの距離を回遊することが判明してきた。日本に来るものは、メキシコやアメリカなどから太平洋を横断することが、発信器や標識を付けた個体の追跡調査で明らかにされたのだ。これは大西洋でも同じであるという。

産卵は本州中部から八重山地方までの広い範囲で行われ、本州では５～８月に見られる。産卵のために生まれた浜に戻る、いわゆる母浜回帰については決定的な証拠に乏しいものの、同一個体がかなりの確率で戻ってきているようである。

産卵には静かな砂浜が選ばれ、産卵のために接岸した雌個体は、辺りを窺いながら注意深く上陸をはじめる。砂浜に人工的な光が漏れたり物音などで騒がしいと上陸をしないこともある。そのため各地の産卵場となる砂浜では、産卵時期には照明を消したり、遮光したりする配慮もなされている。また、孵化した子ガメは光の刺激によって海に向かうといわれるので、そこでも人工的な照明は大きな影響を及ぼす。上陸した個体が必ず産卵するとは限らず、砂浜を這い回ったあげくに帰ってしまうことも少なくない。つまり上陸頭数と産卵頭数は異なることになる。

上陸した雌個体は腹甲を引きずりなが

アカウミガメの産卵。この個体は甲長約80cm、産卵数約100個であった　6月　和歌山県（U）

上陸してきたアカウミガメ。足跡は種類によって異なる（U）

孵化後約40日の子ガメ（飼育個体）（U）

ら四肢を交互に動かして前進する。このとき生じた足跡はカメの種類によって異なる。やがて地面を嗅ぐように頭を下げ、気に入った場所であれば四肢を使って体が入るくらいの穴（ボディーピット）を掘る。産卵は１回に70～150個が産み出され、１シーズンで１～５回産卵を行う。卵は50～75日で孵化するが、本種も多くのカメと同じく性染色体をもたず、性の決定は卵の温度によって左右されている。最近の研究では、ここ数年の地球温暖化の影響でウミガメの性比に変化が生じているという報告もある。

〔絶滅危惧ＩB類（EN)〕

# タイマイ

学名 *Eretmochelys imbricata* 漢字名 玳瑁
英名 Hawksbill turtle

タイマイはサンゴ礁の発達した海域に分布する　モルジブ（Ka）

**大きさ**　甲長70～90cm（成体）

**分布・生息環境**　太平洋、大西洋、インド洋の熱帯・亜熱帯域に分布し、サンゴ礁の発達した海域に多い。日本では沖縄島以南の南西諸島でわずかながら産卵も確認されている。

**特徴**　背甲は細長い卵円形で、甲板が屋根瓦のように重なり、縁甲板の端は鋭く尖る。背甲は黄色と黒褐色のモザイク模様で美しい。腹甲は淡い黄色。肋甲板は4対、前額板は2対で後列の1対が大きい。頭部は幅が狭く、くちばしも尖っている。これは本種の特徴的な食性に関係するもので、サンゴの枝の隙間や死サンゴや岩などを口と前肢とを用いて動かし、その下のカイメンなどを取り出すためのものである。カイメンは選択的に食べられており、本種がサンゴ礁に限定して生息している理由と考えられている。こうした食性からときに肉が毒化することも知られており、古くは八重山にて本種を食べた人が中毒死した事件例もある。

タイマイの腹甲は淡黄色で、くちばしが尖っている（U）

本種の甲羅は奈良時代より「鼈甲（べっこう）」として珍重されてきた。かつては世界中から輸入していたが、現在はワシントン条約により輸入は禁止されている。

〔絶滅危惧ⅠB類（EN）〕

産卵のために上陸したタイマイ。卵はアオウミガメなどより小さく、1度に100〜200個を産む　沖縄県黒島（Mi）

## Topics 頭部の比較

ウミガメを見分けるには頭部に注目のこと。各ウミガメの頭部を上から見た場合、アカウミガメは体に比して頭部が大きく、頭部吻端側に位置する前額板は中央に1枚を含んだ5枚が基本である（ただし、2対、4枚の個体も多い）。これに対し、アオウミガメでは前額板は1対（2枚）で大きく、タイマイは頭の幅が狭くくちばしが尖っており、前額板は2対で、後列の1対が大きいという特徴がある。

アオウミガメの頭部（U）

アカウミガメの頭部（M）

タイマイの頭部（U）

# ヒメウミガメ（オリーブヒメウミガメ）

**学名** *Lepidochelys olivacea* **漢字名** 姫海亀
**英名** Olive ridley

オリーブヒメウミガメとも呼ばれる。日本沿岸で見られるのはまれ（飼育個体）（U）

**大きさ**　甲長65～70cm（成体）

**分布・生息環境**　太平洋、大西洋、インド洋の熱帯域に分布する。日本ではまれに見つかるのみで、産卵に上陸することはない。

**特徴**　背甲は円形に近い楯形。オリーブ色をしており、学名・英名もそれに準ずる。腹甲は白い。肋甲板は5対以上で、左右で対をなさない個体も多い。背面中央に位置する椎甲板も5枚以上で、9枚に達することもある。腹甲板の外側にある亜縁甲板は4対で、それぞれに小孔がある。肉食性が強く、魚や甲殻類、軟体動物などを食べる。

沿岸域で生活していることが多く、外洋を回遊することはまれだという。海外では特定の場所に大きな集団で昼間に上陸することが知られている。コスタリカの太平洋岸では、「アリバダ」と呼ばれるこの集団産卵現象が有名。砂浜は母ガメでおおいつくされる。

ヒメウミガメの子ども　ジャワ島西部（Ya）

ヒメウミガメにはこのほかに同属のケンプヒメウミガメ*L. kempii*がいて、こちらは大西洋のメキシコ湾に生息する。ケンプヒメウミガメは背甲の肋甲板が5枚で、背甲はより平たく丸いことなどで区別できる。ヒメウミガメと同じく、産卵はアリバダ状態になることが知られている。

ヒメウミガメの産卵。場所によっては、1週間で何十万匹もが産卵上陸する　7月　ジャワ島西部（Ya）

## Topics 網に掛かったウミガメ

ウミガメが世界的に減少している理由の1つに、漁業におけるウミガメの混獲があげられる。延縄漁や刺網漁、トロール漁などの網や釣り針にウミガメが掛かり、呼吸ができずに溺死してしまう例があとを絶たない。

アメリカでは特にウミガメが溺死する例の多い底引きトロールのエビ網漁に対し、網の中に入ったウミガメが脱出できる装置（TED）の装着を義務付けているほどだ。

今後も世界的に、このような装置の開発や義務付けを推進していく方向が望まれるが、現実的には難しい側面も多い。

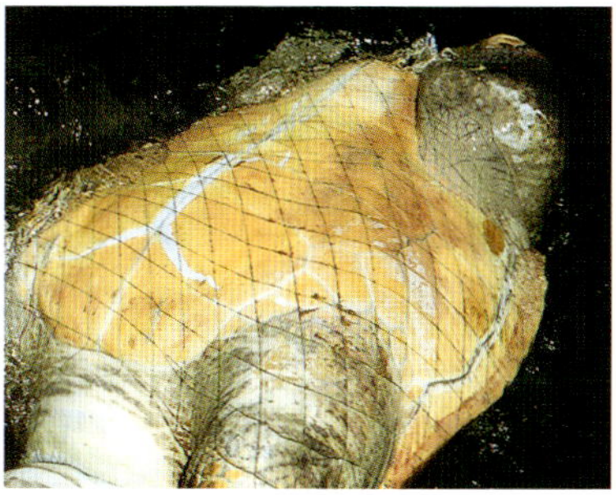

網にかかって溺死したアカウミガメ　久米島（Ya）

刺網に掛かると脱出できない　久米島（Ya）

# クロウミガメ

**学名** *Chelonia mydas agassizii* **漢字名** 黒海亀
**英名** Black turtle

クロウミガメはアオウミガメに似るが背甲・腹甲ともに黒ずんでいる。左はアカウミガメ。飼育個体（U）

アオウミガメの亜種とされる。飼育個体（U）

**大きさ**　甲長70～80cm（成体）
**分布・生息環境**　太平洋東部熱帯海域沿岸やガラパゴス諸島に生息し、外洋ではあまり観察されない。日本においてはごくまれに見られるのみで、1998年に八重山諸島近海で初めて捕獲された。
**特徴**　アオウミガメに似るが、その名の通り、背甲・腹甲が黒ずんでおり、背甲の形がハート形である。頭部、四肢も一様に黒っぽい。また、一般にアオウミガメよりもやや小型とされる。成体の背甲はしばしば高く湾曲し、この傾向は大型雌で顕著。肋甲板、腹甲板の数はともにアオウミガメと同じである。

生態や習性もアオウミガメに酷似するので、種として認めるか否か、従来から研究者の意見が分かれていたが、近年の研究でアオウミガメの亜種とされた。

## Topics 温度で決まる性

人間も含めて脊椎動物の性は、一般に染色体によって受精段階で決定される。だが、大部分のカメやワニなどは性染色体をもたず、温度環境によって性が決定されることが知られている。これは温度依存的性決定機構（TSD）と呼ばれ、ウミガメでは1種を除いて、現生種のすべてで確認されている現象である。

ウミガメでは、胚の発生期における温度環境が29℃付近よりも高ければ雌、低ければ雄の割合が高くなることが知られている。ただし他のカメでは、高温と低温で雌、その中間域で雄になるものもいるなど、臨界温度も種によってまちまちである。おそらく生息環境の微妙な温度バランスの上に成り立っているものと考えられるが、近年の地球温暖化により、性比の片寄りも報告されている。

アカウミガメの卵（U）

イシガメの卵（U）

# オサガメ

**学名** *Dermochelys coriacea* **漢字名** 長亀、革亀
**英名** Leatherback turtle

オサガメの産卵　インドネシア・イリアンジャヤ州（Ya）

産卵　インドネシア・イリアンジャヤ州（Ya）

子ガメ　マレーシア・トレンガヌ州（Ya）

**大きさ**　甲長120～190cm（成体）

**分布・生息環境**　太平洋、大西洋、インド洋の熱帯域から温帯域に分布するが、寒帯域の氷山近くでも目撃されている。日本ではまれに見られるのみで、産卵に上陸することはないが、2002年6月に奄美大島で産卵した記録がある。外洋を回遊し、沿岸域に定着はしない。

**特徴**　他のウミガメのような硬い甲板を欠き、甲羅は薄い皮膚でおおわれている。背甲には7本のキール状隆起がある。体色は青みがかった黒で、腹甲は幼体では白色だが、成長すると黒斑が現れる。

現生カメ類では最大で、記録によれば256.5cm、体重916kgのものがある。

爬虫類のなかでは珍しく体内で発熱する組織（熱交換）があり、低温の水域まで回遊できる。潜水能力にすぐれ、水深1000m以上の深海で摂餌行動を行っているといわれるが、それも内温性であることが関与しているのだろう。

上顎中央には切れ込みがあり、縁辺は鉤状となっている。これは主にクラゲ類を食べるために特化したものだ。クラゲが多く集まる海域に本種も集まることが知られるが、クラゲのように海中を漂うプラスチック製シートなどを誤って食べており、直接的な死因かどうかは不明なものの、死亡した個体の消化管からそれらが多く見つかっている。生態にはまだまだ謎の部分が多いが、ウミガメ類で最も減少が著しい種とされている。

# ヤエヤマセマルハコガメ

**学名** *Cuora flavomarginata evelynae* **漢字名** 八重山背丸箱亀
**英名** Yellow-margined box turtle

林床を歩くヤエヤマセマルハコガメ。ほとんど陸生種といえるだろう　9月　石垣島（U）

**大きさ**　甲長14～17cm（成体、雌雄とも）

**分布・生息環境**　八重山諸島の石垣島と西表島に分布する日本固有亜種。山地の林床や森林に生息し、昼間に歩き回っている姿を見かける。谷筋などの湿った場所にも多いが、水に入ることはまれで陸生種ということができるだろう。

**特徴**　背甲の色は紫色を帯びた黒褐色であるが、真ん中の隆起周辺は明るい黄褐色であることが多い。腹甲は黒色。頭部の側面は鮮やかな黄色で、眼の後方に暗色の帯が入る。背甲は高く盛り上がり、3本の弱い隆起がある。胸甲板と腹甲板の間に蝶番（ちょうつがい）があり、驚くと頭部、四肢、尾を引っ込め、甲を閉じることができる。ハコガメの和名や英名はそこから付けられたもの。これは外敵に襲われたときの防御とともに、水分の蒸発を防ぐ意味もあるといわれる。

西表島などの原生林を歩いていると、足下をガサガサと這い回る本種に出会うことが少なくない。ときには崖の上のほうから転がるように落ちてくることもあった。回転しながら岩や樹木に当たって落下したが、着地すると何事もなかったように再び歩き出す姿を見て、その頑丈な甲羅にあらためて驚かされた。

ナメクジや昆虫類、ミミズなどを食べているが、植物や木の実なども食べる雑食性。国指定の特別天然記念物に指定されている。

かつては台湾、中国などに分布するものと同種と考えられていたが、近年の研究で、基亜種チュウゴクセマルハコガメ *C. f. flavomarginat a*の亜種として分けられた。また、研究者によっては中国のものを別亜種とする意見もある。

〔絶滅危惧Ⅱ類（VU）〕

湿地に現れたヤエヤマセマルハコガメ　4月　西表島（M）

活発に動き回る子ども　12月　西表島（M）

蝶番で箱を閉じたところ（正面）4月　西表島（M）

繁殖期、雄ののど元がオレンジ色になった　4月　西表島（S）

蝶番で箱を閉じたところ（腹甲側）西表島（U）

# リュウキュウヤマガメ

**学名** *Geoemyda japonica* **漢字名** 琉球山亀
**英名** Ryukyu black-breasted leaf turtle

昼間、林道の縁を歩いていたリュウキュウヤマガメ　8月　沖縄島（M）

**大きさ**　甲長12～15cm（成体、雌雄とも）

**分布・生息環境**　沖縄島北部、久米島、渡嘉敷島に分布する日本固有種。沖縄県山原地方を代表する生き物の１つといえる。現地ではヤンバルガメの名がある。山地の林床に生息し、水にも入るが陸生傾向が強い。

**特徴**　背甲の色は赤褐色から黄褐色で、隆起に沿って黒い模様が入ることが多い。頭部の側面には赤褐色の帯、または斑紋が入る。背甲は緩やかで３本の隆起が目立つ。背甲の後縁はギザギザが著しいが、これは老成個体では弱くなる。横から頭部を見ると、上顎の先端が鉤状に曲がっている。前肢のうろこは大型で突出している。雌に比べて雄の尾は明らかに太くて長い。

繁殖や交尾についての詳しい報告は少なく、６～８月に細長くて体の割には大型の卵を４～６個産むといわれる。

草原で活動中の成体　5月　渡嘉敷島（M）

雑食性でミミズ、カタツムリ、昆虫、小動物などを食べるが、木の実や植物の芽なども食べる。本種は、かつてベトナムや中国南部に生息するスペングラーヤマガメ*G. spengleri*の亜種とされていたが、1992年に独立種として再記載されたものである。　〔絶滅危惧Ⅱ類（VU）〕

沢に現れた色の異なる2個体　8月　沖縄島（M）

リュウキュウヤマガメの腹甲　8月　沖縄島（M）

リュウキュウヤマガメの幼体（飼育個体）3月　沖縄県（S）

夜間、渓流の水中に入っていたリュウキュウヤマガメ　9月　沖縄島（M）

# クサガメ

**学名** *Chinemys reevesii* **漢字名** 臭亀
**英名** Reeves' pond turtle (Chinese three-keeled pond turtle)

わが国で最もポピュラーなカメの1つであるクサガメ。雄の個体　5月　京都府産（U）

**大きさ**　甲長：雄18cm、雌25cm（成体）

**分布・生息環境**　本州、四国、九州およびその周辺の島嶼に分布。国外では中国、朝鮮半島、台湾に生息する。生息域は主に平地の河川や池沼で、それに続く水田や水路などにも見られる。かつては神社などの池で人為的に放され、最も多く見られたカメの1つであった。

**特徴**　体色は茶褐色で、頭部と側頭部には黒い縁取りのある黄色い断続的なストライプや斑紋がある。老齢な雄個体は全ての斑紋が消失し、全身が真っ黒になる。若い個体では背甲の甲板の境界線が鮮やかな黄色である。そのため中国では「金線亀」とも呼ばれる。背甲には3本の発達したキールがあるが、老成個体では滑らかになり目立たなくなる。背甲後縁は鋸歯状にならず滑らかである。

雑食性で魚、ザリガニなどの甲殻類や貝類、水生昆虫、水草なども食べる。産卵は6～8月に行われ、孵化した幼体はそのまま翌年の春まで産卵巣の中で越冬するが、その秋に現れるものもいる。産卵回数は1～3回で、卵は4～11個産み出される。

繁殖についての詳しい報告は少ないが、著者の飼育池においては夏から秋にかけて主に観察される。雄のほうが雌よりも一回り以上小さいことが多く、雄は雌に対して、水中・陸上にかかわらず追尾行動をはじめる。やがて雄が雌の正面に位置するように回り込み、のばしたくびを使って雌のくびに当てるような行動が観察される。ときにはくびをのばした状態で、吻端で突くような行動も観察され、これらの行動はある期間に集中して行われた。交尾は水中で行われるようだが、池の透明度が悪く観察はできなかった。

飼育すると非常によく馴れ、生まれてから44年間養われている例もある。近

夜間、水田で活動していたクサガメ　6月　埼玉県（M）

イシガメと異なり背甲後縁部がギザギザしていない（U）

ザリガニを捕食。雑食性で水草なども食べる（U）

年はニホンイシガメの減少からか、本種の幼体を「ゼニガメ」と称して販売することも多く、また海外から輸入される機会も増加している。そのためかプロポーションや色彩にはさまざまなタイプが見られる。自然下においてもニホンイシガメとの交雑個体も各地で報告され、その交雑の程度もさまざまで、バリエーションに富む。関西では「ウンキュウ」と呼ばれることもあるこれらの交雑個体が産卵することも知られ、その生殖機構については興味が尽きない。

なお、本種の名前は「臭い亀」そのもので、捕らえられたりして危険を感じると、腋下甲板と鼠蹊甲板の臭腺から独特の匂いを放つ物質を分泌することからきている。しかし飼育していると、この匂いを出さなくなる。

メラニズムの生じたクサガメ雄の顔（U）

クサガメの黄変種（S）

クサガメの孵化。前肢で殻を突き破り、卵嘴を使って固い殻を上手に破りひろげて頭を出す。親ガメほどではないがクサガメ特有の匂いがする。孵化には1か月以上を要する　8月　滋賀県（S）

クサガメの求愛行動。くびを使って、イシガメよりも優しい感じの求愛行動をする。左が雌、右が雄　5月　飼育個体（U）

孵化したばかりの幼体（U）

クサガメの幼体（U）

# Topics 南方熊楠の飼っていたカメ

生物学のみならず、民俗、鉱物、文学、宗教学などにすぐれた業績を残した南方熊楠（1867〜1941）が、晩年まで暮らした家が和歌山県田辺市に残されている。

熊楠邸には池があり、生前、熊楠が飼育していたクサガメが生き残っていた。熊楠のカメ好きは有名で、明治44年（1911）に息子・熊弥に与えた子ガメ2匹のほか、子どもたちがバケツに入れて棒で突ついていたものを買い取るなどして、多くのカメを庭で飼育していたという。平成13年（2001）まで4匹のカメが生き残っており、そのうち「お花」（甲長25cm）、「お菊」（甲長23cm）、「太郎」（甲長18cm）と名付けられた3匹は、熊楠が愛育したカメといわれ、少なくとも60年以上は経過していると考えられる。これらが熊弥に与えたカメであるとすれば、計算では91年が経過していることになり、また買い取ったカメは成体であったため、そのカメであるなら100年を超える計算となる。ほかの1匹は、子どもの「小太郎」（甲長19cm）である。「お花」は平成13年7月に老衰で死んだ。

ところが平成14年6月、生き残っていた3匹全てが行方不明になるという事件があった。幸い「小太郎」は戻されたが、「お菊」「太郎」は近くで死体で発見された。これで熊楠とともに生きたカメは、全部いなくなってしまったことになる。

「お菊」は歳をとっているので、爪が摩耗し、腹甲も磨り減っていた。2001年10月撮影（U）

和歌山県田辺市にある南方熊楠邸の庭。網を張ったカメの池がある。2001年10月撮影（U）

上が「お菊」、下が「太郎」　2001年10月撮影（U）

# ニホンイシガメ

**学名** *Mauremys japonica* **漢字名** 日本石亀
**英名** Japanese pond turtle

ニホンイシガメの雌。わが国固有のカメである　5月　和歌山県（U）

**大きさ**　甲長：雄13cm、雌20cm（成体）

**分布・生息環境**　本州、四国、九州およびその周辺の島嶼に分布する日本固有種。山麓の池沼や水田、河川では上流から中流にかけて見られる。かつては神社や公園の池などで移植された本種を見ることが多かったが、近年はミシシッピアカミミガメのほうが圧倒的に数が多くなってしまった。

**特徴**　背甲は扁平で黄土色、もしくは黄褐色。個体によってはオレンジ色を呈するものも見られる。腹甲は黒色。成体は背甲の中央に１本の断続的な隆起をもつが、幼体では３本存在する。背甲の後縁はギザギザになっており、これは幼体ほど顕著である。側頭部には黒い不規則なラインが入る。

雑食性で魚やザリガニなどの甲殻類、水生昆虫、水草なども食べる。野外では死んだ魚に群らがるところも見かける。泳ぎは巧みで、行動は意外と素速い。

繁殖は春と秋に見られるが、夏でも行われる。公園の池などでは冬を除き、ほぼ通年観察できることもある。雄は雌よりも二回りほど小さいことが多い。雄は雌の後を追尾しながら、雌の正面に位置するように動き回る。雄は雌を正面にすると、片方の前肢を持ち上げ、てのひらを外側に向けた格好で数回、小さく水をかくような動きを行う。これは前肢で左右交互に行い、雌が受け入れると素速く後ろに回り込んで交尾を行う。

産卵は６～７月で、川であれば土手のような場所、池であれば付近の畑や畔な

甲羅に文字を書かれた神社のイシガメ　大阪府（U）

水底を歩くイシガメの子ども　11月　和歌山県（U）

川の中のニホンイシガメ　12月　島根県（U）

ニホンイシガメの背甲後縁部はギザギザである（U）

どで行われることが多い。産卵場所が決まると後肢のみを使って上手にとっくり状の穴を掘っていく。産卵は、掘っているあしの爪の先端が当たらなくなるくらいまで（深さ10cm前後）になると行われるようである。産卵は早朝から午前中に行われ、1回に6個前後を産む。1シーズンに2回産卵することもある。産卵の最中にシマヘビが匂いを嗅ぎつけ、産んだ端から卵を食べていたという報告もあるが、1度産卵がはじまると止めることができないようである。ただし、穴を掘りはじめのうちは放棄してしまうこともある。子ガメは2～3か月後に孵化して地上に現れる。甲長は3.5cmほどで、尾が大変長いのが特徴。

本種は、その丸い甲羅と黄色っぽい色から「ゼニガメ」と呼ばれ、古くから飼育されてきた。幼体の飼育は意外と難しく、紫外線が不可欠なため日光浴は欠かせない。何でも食べるが、カルシウム不足で死亡するケースが多いので、粉末カルシウムや各種ビタミンなども与えたい。クサガメなどと同じく人に馴れやすく、アメリカなど海外で飼育されている個体もいる。

近年の河川改修や堰堤などの工事、道路脇の三面コンクリート側溝などでカメの移動が困難になり、追い討ちをかけるように河川自体の水質悪化により個体数は減少している。カメのような生き物の場合、川、池といった特定の環境を守るだけでは意味をもたず、生息地周辺一帯の保全が必要となる。〔情報不足（DD）〕

雄（右）は前肢を使って求愛行動を行う　10月　飼育個体（U）

産卵は午前中に行われることが多い　6月（U）

ニホンイシガメのペニス（U）

上・下：ニホンイシガメの幼体。甲の模様からゼニガメとも呼ばれ、尾が長いのが特徴。一様に黒いのでクサガメと区別できる。（U）

卵嘴を使い殻を割って出てきた　8月（U）

# Topics カメのハイブリッド

一般的に脊椎動物の場合、一部の魚類を除き異種間交配では1代限りの雑種しかできない。ライオンのメスとヒョウのオスから生まれた「レオポン」などの例がよく知られている。そして当然ながら、雑種の第2代は生まれない。

しかし、たとえばニホンイシガメとクサガメとの間では、属まで異なるうえに、交雑個体であっても繁殖能力をもっているようである。そうなると、カメ類は一般的な脊椎動物の分類体系には、必ずしも当てはまらない側面をもっている動物といえるかもしれない。

アカウミガメとタイマイのハイブリッド（U）

ニホンイシガメとクサガメのハイブリッド（U）

ニホンイシガメとクサガメのハイブリッドの産卵（U）

右：リュウキュウヤマガメとミナミイシガメのハイブリッド（S）
上：同じく腹甲側（S）

右：リュウキュウヤマガメとセマルハコガメのハイブリッド（S）
上：同じく腹甲側（S）

# ミナミイシガメ(シロイシガメ)

**学名** *Mauremys mutica mutica* **漢字名** 南石亀
**英名** Asian brown pond turtle

夜間、水田で活動するミナミイシガメ　5月　滋賀県（S）

**大きさ**　甲長15～18cm（雌雄とも）

**分布・生息環境**　国内では近畿地方の一部（京都市内が中心）にのみ分布する。昭和初期に台湾から移入されたものである可能性が高い。国外では台湾、中国東南部、インドシナ半島北部、ベトナムに分布している。

**特徴**　背甲の色は黄褐色のものから黒っぽいものまで変異が大きく、明瞭な斑紋などはない。背甲はやや扁平で、成体では中央に弱い隆起を1本もつ。背甲の後縁部は滑らかであるが、幼体には弱いギザギザがある。また、幼体では背甲の隆起は3本である。雌雄はほぼ同じ大きさで違いは見られないが、雄の腹甲は大きく凹んでいる。

側頭部は眼の後方に黄色く明るいラインが入り、亜種ヤエヤマイシガメではそれが目立たないか全くない。

ミナミイシガメは琉球列島と近畿地方の一部というかけ離れた分布をしていたが、近年、琉球列島の個体はその形態的な特徴からヤエヤマイシガメという別亜種に分類されるようになった。いっぽう本州の個体群は、移入種ではないかという見解が強くなってきた。

産卵は6～7月の夕方から夜にかけて行われるという報告がある。卵は長径が3cm、短径が2cmほどである。

近年、京都南部など、かつて本種が多く見られた地域では、水田などの区画整理が行われ生息地の改変が進んでいる。それにともない個体数が減少している。

一方、最近、滋賀県でも多く確認され

ミナミイシガメの交尾。雄が雌の首筋を噛み、交尾姿勢をとる　5月　滋賀県（S）

土中に産み込まれた卵　5月　滋賀県（S）

孵化　8月　滋賀県（S）

ている。湖西側の一部地域には以前より分布していることが知られていたが、最近になって対岸の湖東地域でも見られるようになった。琵琶湖を泳いで渡ったのか、人為的に移動されたのかが謎であったが、つい先日、琵琶湖に架かる橋の上を移動中の個体を発見した。

山際の水田やそれに続く水路などに多く見られ、基本的には夜間活動する。雑食性で魚、ミミズ、水生昆虫、水草、藻類などを食べる。

孵化してまもない幼体　9月　滋賀県（S）

# ヤエヤマイシガメ

**学名** *Mauremys mutica kami* **漢字名** 八重山石亀
**英名** Asian yellow pond turtle

耕作地周辺の湿地で活動するヤエヤマイシガメ 6月 西表島（M）

ヤエヤマイシガメの幼体 9月 与那国島（S）

左が雌、右が雄である 西表島（U）

**大きさ** 甲長15～18cm（雌雄とも）

**分布・生息環境** 1996年に新亜種として記載された。吐噶喇列島の悪石島、沖縄諸島の沖縄島やその周辺の島嶼、宮古島、八重山諸島などで確認されているが、移入によるものが少なくない。本来の分布域は石垣島、西表島、与那国島とされる。水田や湿地などが主な生息場所となっている。

**特徴** 甲が扁平で、かつ幅が広い。背甲の色は、基亜種ミナミイシガメに比べて明るい色彩のものが多い。

3～4月に交尾行動が観察された例がある。夜間、雌を見つけた雄は背後から近づき、雌に馬乗りになる。次いで四肢の爪を雌の甲に引っ掛けて固定し、首筋を噛んで交尾にいたる。これは、雌雄にサイズの差がないため、ニホンイシガメなどに比べて強制的なものといえる。

驚かされると頭から水底の泥の中に潜っていく　10月　与那国島（U）

雄は雌に馬乗りになって強制的に交尾を行う。この際、雌の首筋を噛む　10月　西表島産（U）

# ミシシッピアカミミガメ

**学名** *Trachemys scripta elegans* **漢字名** ミシシッピ赤耳亀
**英名** Red-eared slider

一般にはミドリガメと呼ばれることの多いミシシッピアカミミガメ　8月　飼育個体（U）

**大きさ**　甲長：雄20cm、雌28cm

**分布・生息環境**　帰化種で、本州、四国、九州、沖縄島などに定着しており、近年、石垣島や北海道でも見つかっている。日本以外でも台湾・中国をはじめタイ、オーストラリア、イスラエル、南アフリカなどで移入により定着していることが知られている。都市部でも池や堀、公園などで目にする機会は多い。河川であれば、主に中～下流域のよどんだ水域や平地の池沼に生息している。耐塩性もあり、河川下流の汽水域で見られることもある。

**特徴**　背甲は緑褐色で、各甲板には黄色、黒、緑色などの模様が入るが、成長とともに鮮やかさは失われる。老化個体では腹甲のリング模様がぼやけ、雄は黒化現象がより顕著になる。側頭部には鮮やかな赤い斑紋が入り、これを耳に見立ててアカミミガメと呼ばれる。

幼体はいわゆるミドリガメで、背甲はより黄色の強い緑色である。背甲は緩いドーム状で、中央に1本の弱い隆起がある。背甲の後縁には弱いギザギザがあり、幼体ほど顕著である。

本亜種は北米から中米、南米にかけて広く分布するスライダーガメの1亜種で、輸入されはじめた1950年代後半にはいくつもの亜種が「ミドリガメ」として扱われていたが、現在では本亜種のみを指すようになった。アメリカではペットとしての需要を見越し、大規模な養殖場が次々と建設されていった。同時に輸出に関してはライセンス制が導入され、莫大な利益がもたらされた。詳しい数字は不明だが、一説には年間100万匹以上が日本に輸出されていたという。日本でもこれを受け、膨大な数のミドリガメがペットとして飼われてきた。しかしなが

雄は前肢に長い爪をもつ（U）

神社の池で日光浴をするミシシッピアカミミガメ　10月　大阪府（U）

ミドリガメと呼ばれる幼体（U）

鮮やかで美しいミドリガメの腹甲（U）

ら1975年に、本亜種からいわゆるサルモネラ菌が発見されマスコミで報じられたため、膨大な数が川や池に捨てられる事態となった。もちろんサルモネラ菌は土中に普通にいる菌であり、本亜種特有のものではない。しかしこのことが1つのきっかけとなって「捨て亀」が横行したため、国内各地で普通に見られる種類となっていった。

幼体は肉食傾向が強いが、成体では雑食となり何でも食べる。雄は成熟すると前肢の爪が伸長し、鼻先が突出する。交尾前には、雄が雌の正面で両前肢をのばし、てのひらを外側に向けてピラピラと震わせるディスプレーを行う。雌は雄の求愛を受け入れるとくびをすくめ、雄は後ろに回り込んで交尾を行う。

産卵は5～7月に行われることが多く、ほとんどの個体が1シーズンに平均3回、多くて5回産卵する。1回の産卵数が2～22個と多いことからも、本亜種が他のカメ類に与える影響は少なくないと考えられる。雄雌ともに成熟サイズになると一段と性格が荒くなり、掴もうとすると「シューッ」という威嚇音を発する。

飼育に関しては、必ず全身が入る水の部分と陸の部分とが必要。幼体は特に日光浴が不可欠。餌は魚の切り身など何でも食べるが、近年はカメ専用の餌もある。ただし、カルシウムやビタミン類が不足することが多いので、必ずそれらを餌に混ぜて与えるようにしたい。ただし、繰り返すようだが、飼育には生涯の責任をもって当たるべきで、途中からさまざまな理由をつけて放すことは「捨て犬」や「捨て猫」と同じく飼育放棄であり、犯罪的行為である。

雄（左）が両前肢をのばしてピラピラと震わせる求愛ディスプレーを行う　10月　大阪府（U）

コイの死骸を食べるミシシッピアカミミガメ
10月　奈良県（S）

産卵床を掘っている。産んだはしから別の個体が卵を食べてしまう姿も観察される　10月　大阪府（U）

1回に産んだ卵　6月　兵庫県（U）

孵化。吻端の卵嘴を使って殻を割る　8月（U）

公園の池などのカメは、ペットが捨てられたものが多い。先頭はクーターガメ類　9月　東京都（M）

側頭部の赤い斑紋が「アカミミガメ」の由来だ（U）

左が成長した雌。右はミドリガメと呼ばれて市販されている幼体（U）

観賞用に固定化されているアルビノ個体（U）

手に乗るほど小さなミドリガメ（U）

# ニホンスッポン

**学名** *Pelodiscus sinensis* **漢字名** 日本鼈
**英名** Japanese softshell turtle

ニホンスッポンは泳ぎが巧みで、水底の泥や砂によく潜る　8月　石垣島産（U）

**大きさ**　甲長25～30cm（雌雄とも）

**分布・生息環境**　国内では本州、四国、九州、沖縄島、石垣島、西表島、与那国島などに分布する。国外では中国、朝鮮半島、シベリア東南部から台湾、ベトナム北部などに分布。琉球列島のものは移入されたと考えられている。

**特徴**　背甲は非常に平たく柔らかな皮膚におおわれ、鱗板をもたない。また、背甲は円に近い楕円形であり、このことから「月とスッポン」の言い回しがある。

鼻の先端が突出し、普段は水底の砂や泥に潜って鼻だけを出している。背甲や頭部に模様をもつものもある。

古くから養殖されてきたため人為的な移植が多く、また海外からの移入も少なくないために交雑が進んでいる可能性がある。正確な自然分布については不明な点が多い。

主に河川の中流から下流にかけて、平地の湖沼などの砂泥質の場所に生息する。肉食性で魚や貝類、甲殻類、水生昆虫などさまざまなものを食べる。日光浴

イシガメやミシシッピアカミミガメに混じって日光浴をするニホンスッポン　10月　大阪府（U）

も行い、川などでは中州に上陸している姿を見かける。ただし物音には敏感で、たいていは近付く前に気付かれて水に入られてしまう。性格は荒く、くびが長くのびてよく噛み付く。その力は非常に強い。

春先の４～６月に交尾が見られ、６～８月に産卵する。卵はほぼ球形で直径は約２cmほど。１回の産卵で10～40個、ときには50個もの卵を産む。孵化した子ガメは約2.5cmで、この大きさでも摑むと噛み付こうとする。　〔情報不足（DD）〕

ニホンスッポンは古くから食用として利用されてきた。カワガメ、ドロガメ、マルとも呼ばれる　8月　石垣島産（U）

砂浜付近の草地に産み落とされた卵　7月　滋賀県（S）

ニホンスッポンの孵化　8月　滋賀県（S）

吻部が突出し、鼻先はシュノーケル状（U）

水面で呼吸する幼体　9月　滋賀県産（S）

# カミツキガメ

**学名** *Chelydra serpentina* **漢字名** 噛付亀
**英名** Snapping turtle

ホクベイカミツキ。水族館や動物園でペットのカミツキガメの引き取りが増加し、問題化している（U）

**大きさ** 甲長40cm
**分布・生息環境** 移入種。北米東部から南米北部まで分布し、4つの亜種があるとされる。日本にはペットとして移入されたものが野生化し、各地で捕獲されている。日本の冬を越すことができるので増殖が懸念されていたが、最近、印旛沼水系で繁殖が確認されている。

ペットとして甲長4～5cmの子ガメが多く輸入されているが、人間が触ろうとすると噛み付いてくる。雑食性だが、幼体では肉食傾向が強い。成長は速く、大型になっても性格は変わらず、きわめて狂暴。そのため飼いきれなくなった個体を野外に放す人が後を断たない。大型個体であれば大怪我を負わせるほどの力があるので、湖や池などで水遊びをする子どもたちなどが危険にさらされる可能性も否定できない。またその貪欲な食欲から、生態系への影響も懸念されている。夜行性の傾向が強いとされるが、北米・フロリダの泉では、昼間に動き回っているのを何度も観察されている。

印旛沼から流れる鹿島川。ここでカミツキガメの繁殖が確認された　5月（M）

2000年12月より動物保護管理法が一部改正され、ワニガメ、カミツキガメなどを飼うには居住地の地方自治体に申請しなければならないことになった。飼育者は責任をもって飼育すべきであり、安易な気持ちで飼うようなカメではない。慎重な判断が望まれる。

# 外国産カミツキガメ科・イシガメ科

**ワニガメ** *Macroclemys temminckii*
カミツキガメ科　分布：北米南部
最大甲長：80cm
肉食性で小型のカメも噛み砕いて食べる。ミミズのように動く舌を使って魚などをおびき寄せて食べる。日本でも、各地でペットとして飼われていたものなどが逃げ出し、見つかっている。(U)

**カントンクサガメ** *Chinemys nigricans* クサガメ属
分布：中国南部、海南島、ベトナム北部　最大甲長：25cm
比較的標高が高い山間部の渓流に生息する。(U)

**スペングラーヤマガメ** *Geoemyda spengleri* ヤマガメ属
分布：ベトナム、中国南部　最大甲長：13cm
成熟した雄の頭部には模様がない。林床で生活する。陸生。(U)

**カスピイシガメ** *Mauremys caspica caspica* イシガメ属
分布：カスピ海〜小アジア　最大甲長：25cm
コーカサスイシガメの基亜種で、くびや四肢に白い線が数多く走る。(U)

**ギリシャイシガメ** *Mauremys caspica rivulata* イシガメ属
分布：ギリシア周辺、イスラエル　最大甲長：25cm
基亜種よりも西側に分布する。四肢の白い線が少ない。(U)

**ミナミイシガメとミスジハコガメの交雑個体**
分布：中国南部　最大甲長：25cm　かつてはホオスジイシガメ（イバーソニーイシガメ *Mauremys iversoni*）として記載されていたもの。(U)

# 外国産イシガメ科・ヌマガメ科

**モエギハコガメ** *Cuora galbinifrons*
ハコガメ属　分布：中国南部、ベトナム、ラオス
最大甲長：19cm
色彩や模様には変異が大きい。3亜種がいる。陸生。(U)

**チュウゴクセマルハコガメ** *Cuora f. flavomarginata*
ハコガメ属　分布：中国南部、台湾
最大甲長：17cm　ヤエヤマセマルハコガメの基亜種。陸性で、ほとんど水に入らない。(U)

**マレーハコガメ** *Cuora amboinensis* （左右とも）
ハコガメ属　分布：タイ、ベトナム、マレーシア、インドネシアなど　最大甲長：20cm
分布が広く、いくつかの亜種に分かれる。半水性。(U)

マレーハコガメのアルビノ (U)

**クロハラハコガメ** *Cuora zhoui* ハコガメ属
分布：中国　最大甲長：16cm
背甲、腹甲ともに黒い。頭部は黄色い。(U)

**マコードハコガメ** *Cuora mccordi* ハコガメ属
分布：中国　最大甲長：13cm
背甲は褐色で頭部はオレンジ色。(U)

**ミスジハコガメ** *Cuora trifasciata* ハコガメ属
分布：中国南部、ベトナム北部　最大甲長：20cm
背甲には3本の黒い線条が入る。頭部は黄色で、ゴールデン・ヘッドとも呼ばれる。(U)

**シェンシーハコガメ** *Cuora pani* ハコガメ属
分布：中国　最大甲長：16cm
背甲は非常に低く、中央にキールがある。ほぼ水生。(U)

**ジャマイカスライダー** ***Trachemys terrapen***
アカミミガメ属　分布：ジャマイカ　最大甲長：27cm
泥底の浅い沼に生息する。雑食性だが主に水草を食べる。(U)

**ミナミクジャクガメ** ***Trachemys dorbignyi***
アカミミガメ属　分布：ブラジル南部、ウルグアイ他
最大甲長：27cm　2亜種にわけられ、写真は*T. dorbignyi brasiliensis*と思われる。(U)

## アカミミガメの仲間

ここでは鮮やかな体色のアカミミガメ類の亜種の幼体を紹介する。この仲間は16ほどの亜種に分けられ、多くがペットとして扱われている。

**タバスコクジャクガメ**
***Trachemys scripta venusta*** (U)

**キバラガメ**
***Trachemys scripta scripta***（上右とも）
アカミミガメ属
分布：米東部
最大甲長：27cm
アカミミガメの基亜種。
腹甲は黄色い。
写真右は幼体（U）

**タバスコクジャクガメの幼体**（U）

**グアテマラクジャクガメ**
***Trachemys scripta grayi*** (U)

# ニホンヤモリ

**学名** *Gekko japonicus* **漢字名** 日本守宮
**英名** Japanese gecko

古くは家を守る動物とされたニホンヤモリ。室内の壁を這っているのがよく見られる　10月　東京都（U）

**大きさ**　全長100～140mm　頭胴長50～72mm

**分布・生息環境**　本州、四国、九州、対馬などに分布する。国外では朝鮮半島南部や中国大陸東部に分布。人間とうまく共存している動物で、民家や寺院などの建物でよく見かけ、野外で見ることはまれである。都市部の近代的マンションにもいたりする。

**特徴**　体にはトカゲやカナヘビのような鱗片がなく、細かい顆粒状鱗でおおわれている。体は平たく、物の隙間に隠れるのに好都合。胴背面から四肢にかけて細かい顆粒状鱗に混じって大型の顆粒状鱗が散在する。側肛疣（総排出口の左右にあるいぼ状のもの）は2～4個で大型鱗からなり、成体雄では特に大きい。 前後肢とも第1指は爪を欠く。後頤板は後続のうろこより大きい程度。また成体雄は6～9個の前肛孔（総排出口前のうろこにある腺孔）をもつが、雌にはない。

ガラスを這うニホンヤモリの腹側（U）

5月上旬～8月上旬、戸袋や壁の隙間、天井裏などに2～3個、年に1～2回産卵する。産卵直後の卵塊は柔らかく粘り気があり、壁や柱に付着してそのまま固まる。固着した卵は丸くて非常に硬く、

## Topics ヤモリのあしの裏の秘密

窓ガラスや壁をするすると登るヤモリを見ると、どうして落ちてしまわないのかと不思議に思うことだろう。垂直なガラスさえ登っていくのだから、吸盤で吸い付いているのかと思われがちであるが、あしの裏を拡大して見てみると、写真のように、幅広いうろこにおおわれていることがわかる。

このうろこは指下板と呼ばれるもので、その1枚1枚の表面に細かな鉤状の毛が生えていて、これをガラスや壁に引っ掛けて登っているのだ。だから、完全に磨きあげたガラスであると、引っかかりがないため、さすがに登ることはできない。この指下板はヤモリ類の分類には不可欠な要素となっていて、ニホンヤモリの場合、指下板は2分されず、指の下全域をおおっている。

ニホンヤモリのあしの指の裏側（U）

警戒のポーズをするニホンヤモリ　3月　対馬（M）

胴の背面から四肢にかけて大小のうろこが混在（U）

窓ガラスに張りつき、アゲハチョウを捕らえた　7月　東京都（U）

乾燥に強い。雌は産卵前になると産卵に必要なカルシウムを頸部にためるため、頸の脇がふくれる。40～90日で孵化。孵化した幼体は頭胴長26～29mm。雄は翌年、雌は孵化から2年後に性成熟する。壁の隙間、畳の下、岩の割れ目などで越冬する。

昼間は姿を隠しているが、夜間、灯火の周辺に出現し、集光性の昆虫やクモなどを食べる。ただ、春先には昼間でも石垣などで黒っぽい体色になり、日向ぼっこをしていることもある。

猫やヒヨドリ、アオダイショウの幼蛇などに捕食される。人間の害になる蛾や蚊などの害虫を餌として食べるので、見つけてもそっとしておいてあげたい。

# ミナミヤモリ

**学名** *Gekko hokouensis*　**漢字名** 南守宮
**英名** Hokou gecko

木にくっついているミナミヤモリ　10月　宮古島（S）

体にはニホンヤモリと同じく大型鱗が存在する（U）

ただし四肢には大型鱗がないのが特徴である（U）

**大きさ**　全長100～130mm　頭胴長50～65mm

**分布・生息環境**　九州南部、大東諸島を除く南西諸島全域に分布。国外では台湾や中国大陸東部に分布する。また、伊豆諸島の八丈島に移入集団が定着している。夜間照明のない建物の壁などでよく見られ、沖縄では御嶽（うたき）内の森林などの開けた場所にある樹木や防風林、石垣などにくっついているのが見られる。

**特徴**　体全体がスマートで、背面から尾にかけてまだらの斑紋があるのが特徴。指下板、前後肢の第1指、後頤板などの特徴はニホンヤモリと同じ。鼻間板は普通、後続のうろことほぼ同じ大きさかやや小さい。胴部背面に大型の顆粒状鱗が散在するが四肢にはない。側肛疣は単一の大型鱗からなる。尾部の環状溝の前縁には大型鱗がない。成体雄は6～10個の前肛孔をもつ。昆虫などの小型無脊椎動物を食べる。

4月上旬～8月上旬に輸卵管卵をもった雌が現れ、その後、樹皮下などに固着卵が見られるが繁殖の詳細は不明。猫やヒヨドリ、ハブなどに食べられる。

**類似種との識別**　従来、ニホンヤモリと混同されていたが、肛門両側にある側肛疣が1つのうろこで、四肢の背面には顆粒状鱗がなく細鱗の粒がそろっている、指下板の中央が2つに分かれていない、などの点から独立種であることが明らかになった。なおミナミヤモリと呼ばれるものの中には複数種が含まれている可能性があり、識別は非常に難しい。

# タワヤモリ

**学名** *Gekko tawaensis* **漢字名** 多和守宮
**英名** Tawa gecko

タワヤモリの生息環境。すぐ下は海 5月 和歌山県 (U)

体にも四肢にも、大型鱗が存在しない (U)

海岸の岩場などにいるタワヤモリ 5月 和歌山県 (U)

**大きさ** 全長100～140mm 頭胴長55～71mm

**分布・生息環境** 大阪府、兵庫県、岡山県、和歌山県、広島県、四国、大分県に分布する。日本固有種。海に面して岩の崖が続く自然の海岸や、低山地・丘陵地など露岩のある乾燥した山地、社寺、学校の倉庫、林や崖に面した人家などに生息。ウバメガシやアカマツが生えるような乾燥した岩場を好む。

**特徴** 頭は大きく扁平。四肢の指の間にはみずかき状の皮膜がある。胴と四肢の背面に大型顆粒状鱗を欠く。雄の前肛孔がなく、鼻間板は後続するうろこと同じ大きさで、後頤板は前後に分かれる。側肛疣は単一の大型鱗からなる。指下板、前後肢の第1指、後頤板などの特徴はニホンヤモリと同じ。

雌は日当たりのよい岩場の幅20mmほどの割れ目に、6月下旬～8月上旬に産卵するが、同じ場所に複数産卵することが多い。51～60日で孵化し、孵化幼体は27～30mm。約2年で性成熟する。小型の昆虫類を食べる。大きな岩石の裏面の隙間に群らがって冬眠する。名前は、タイプ標本の産地、香川県多和村に由来している。

**類似種との識別** ニホンヤモリよりも体色が濃く、全体に褐色が強い。斑紋もはっきりしている。ニホンヤモリの尾の付け根の上面は斑紋が流れてW字状になっているが、本種では尾の全体にわたり明瞭な縞模様になっている。頭部も眼の後方に白っぽい帯状の斑紋が目立つ。

# ヤクヤモリ

**学名** *Gekko yakuensis* **漢字名** 屋久守宮
**英名** Yaku gecko

頭部が大きく全体ががっしりしている 7月 屋久島（U）

ヤクヤモリの顔（U）

樹洞に逃げ込むヤクヤモリ 7月（U）

昼間姿を現した樹上のヤクヤモリ 7月（U）

**大きさ** 全長130～150mm 頭胴長64～72mm

**分布・生息環境** 屋久島、種子島、九州南部に分布する日本固有種。岩場や森林地帯にすみ、家屋内には見られない。

**特徴** 吻部が幅広い。四肢が長く頭でっかちで、胴部の背面には細かなビーズ状の顆粒状鱗に混じって大型の顆粒状鱗が散在する。ただし四肢にはない。基色は褐色またはオリーブ色をしている。背面には不規則な横斑があり、腹面にはにじんだ感じの点状斑がある。尾の背面中央部には1対の大型鱗が尾端まで並んでいる（ただし再生尾の大部分にはない）。指下板、前後肢の第1指、後頭板などの特徴はニホンヤモリと同じ。側肛疣は単一の大型鱗からなる。各環状溝前縁に1対の大型鱗がある。雄は6～8個の前肛孔をもつ。

6～9月に産卵し、ガジュマルの幹の隙間や社殿の壁、岩の割れ目などに固着性の卵を少なくとも2回産む。孵化幼体は29～32mm。小型の無脊椎動物を食べる。シマヘビに捕食されることが知られている。

**類似種との識別** ニホンヤモリより頭部が大きく、四肢も長く、各指の先端部が平らで指間のみずかき状皮膜が発達している。体背面には不規則な横斑が一面に広がる。

# タカラヤモリ

**学名** *Gekko shibatai*　**漢字名** 宝守宮
**英名** Takara gecko

タカラヤモリの頭部には特徴的な黄色の模様がある　7月　宝島産（S）

**大きさ**　頭胴長55～60mm
**分布・生息環境**　吐噶喇列島の宝島・小宝島に分布する日本固有種。民家周辺で多く見られる。
**特徴**　ミナミヤモリとよく似ているが、下顎周辺が黄色みを帯びており、のどに大きな斑紋が見られる。また頭部のところどころに黄色い斑紋がある。雄は前肛孔をもたない。

6～8月に2卵を産卵する。孵化幼体は25～30mm。2008年に記載された。

〔準絶滅危惧（NT）〕

# ニシヤモリ

**学名** *Gekko* sp.　**漢字名** 西守宮
**英名** Western gecko

左：海岸近くの岩場でよく見かけるニシヤモリ　5月　長崎県産（S）

右：脱皮中の個体　5月　長崎県産（S）

**大きさ**　頭胴長60～70mm
**分布・生息環境**　福江島、久賀島、中通島、平戸島、男女群島に分布する日本固有種。海岸の岩の隙間や旧建築物、灯台や山地や林内の岩場にすむ。
**特徴**　体表面が黄色みを帯びており、腹部が特に黄色い。側肛疣が1個、四肢背面の顆粒状鱗がニシヤモリには存在するが、ミナミヤモリにはない。冬場は岩陰に数匹が固まって越冬する。夏場は物陰の湿った場所に潜む。

6月頃、岩や崖の比較的割れ目の浅い部分に2個の卵を産む。多くの個体が同じ場所で産卵するため、数十個の卵がびっしりとかたまっていることが多い。7～8月に孵化。陸貝を食べることもあるが、主に昆虫類を捕食する。まだ正式な記載がないため学名が付いていない。

# Topics ヤモリの隠蔽種（いんぺいしゅ）

隠蔽種とは、形態的にほとんど識別することはできないが、自然下で互いに独立した種の関係にある集団を指す。ただ、形態的区別はできなくても、詳しく比較していくうちに若干の差異は見つかってくるものだ。

日本産ヤモリ属*Gekko*には、この隠蔽種である可能性が高い種が含まれていることがわかってきた。

琉球列島のミナミヤモリやタカラヤモリと呼ばれているもののなかに、近年、アロザイムによる遺伝的な解析の結果、新たに2つの隠蔽種が発見された。

1つは、最初に沖縄県の久米島で発見され、その後、他の沖縄諸島のいくつかの島で見つかっているもの(A)。もう1つは、小宝島で発見され、その後、奄美諸島でも見つかっているものである(B)。

当初、最初の発見地にちなんで、便宜上それぞれクメヤモリ、コダカラヤモリと呼んでいたが、Aは現在記載の準備が進められているオキナワヤモリ*Gekko* sp.とされ、Bは2008年に記載されたアマミヤモリ*Gekko vertebralis*と名付けられた。

久米島で最初に発見されたA（オキナワヤモリ*Gekko* sp.） 5月　伊平屋島（M）

アマミヤモリの頭部　7月　小宝島産（S）

小宝島で最初に発見されたB（アマミヤモリ*Gekko vertebralis*）7月　小宝島産（S）

# オンナダケヤモリ

**学名** *Gehyra mutilata* **漢字名** 恩納岳守宮
**英名** Stump-toed gecko

幅広く扁平な尾と、指の先端が広がることがオンナダケヤモリの特徴　9月　宮古島（S）

**大きさ**　全長80～120mm　頭胴長40～55mm

**分布・生息環境**　徳之島以南の南西諸島。東南アジア、太平洋、インド洋の島々、北米、中米の沿岸部に分布する。この広い分布域は人為的移入によるものと考えられる。海岸に近い林や、人家などの建築物の壁などにいる。ホオグロヤモリやミナミヤモリがいない、明かり近くの陰になった壁面で見られることが多い。

**特徴**　フトオヤモリ属の仲間で、幅広く扁平な尾をもつのが最大の特徴。ただし再生尾はそれほど太くならない。尾の基部が太く扁平。皮膚が非常に薄く弱いので、強く掴むと皮膚がずるむけになってしまう。頭部は卵形で幅よりも長く、四肢は短い。指の先端部は広がり、基部にはみずかき状の皮膜がある。また後肢の後縁には皮膚のひだが発達している。指下板は2分し、下面のうち先端の2／3～1／2ほどをおおう。第1指は爪を欠くか、小さな爪を備える。後頤板は後続のうろこより著しく大きい。灰白色から灰褐色の基色で、黒褐色の斑点や雲状斑をもつものがある。夜間は、白っぽく無斑紋の個体を見ることが多い。一様に細かい顆粒でおおわれているが、個体によっては少数の大粒鱗が混在する。孵化した幼体は幅広い尾をもたず、黒っぽい地に黄色い斑点がある。成体雄は21～41個の前肛孔をもち、前肛孔の列は大腿部のほぼ先端に至る。

夜間、葉の上でじっとしていた　9月　ハワイ・マウイ島（U）

3月中旬に輸卵管卵をもつ個体が現れ、9月中旬まで産卵が続くようだ。窓枠や壁の隙間に固着性の卵を産み付ける。孵化幼体の頭胴長は23mm。光に集まる昆虫類を捕食する。和名は国内で最初の発見地である沖縄島の恩納岳に由来する。

# オガサワラヤモリ

**学名** *Lepidodactylus lugubris* **漢字名** 小笠原守宮
**英名** Mourning gecko

オガサワラヤモリの成体（2倍体のクローンA）母島（U）

3倍体のクローンB' 南大東島（Sa）

3倍体のクローンBI 南大東島（Sa）

**大きさ** 全長70～90mm 頭胴長34～44mm

**分布・生息環境** 小笠原諸島と沖縄諸島以南の南西諸島に分布。国外では太平洋とインド洋の熱帯・亜熱帯域の島々、インド、中南米の太平洋沿岸地域に分布する。御嶽、石垣など屋外の暗いところや民家、街路樹に多い。2次林内にもいる。従来、小笠原諸島と大東諸島のみから報告されていたが、1971年、沖縄島と与那国島で発見されたのを皮切りに琉球列島からの記録が相次いでいる。

**特徴** 尾は扁平で縁に膜状にうろこが並ぶ。指下板は指の下面の3/4～2/3をおおい、末端部の3～5枚のみが2分する。前後肢とも第1指には爪がない。胴部の背面や四肢は大型の顆粒状鱗を欠く。体色は変化するが、基色は灰白色から黄褐色。波状の横帯が背面に走る。吻部は比較的細く、鼻孔から眼を横切り前肢基部に達する顕著な筋模様がある。「チッチッ」と鳴く。小型無脊椎動物を食べる。

オガサワラヤモリの顔 母島（U）

繁殖は一年中観察され、窓枠や壁の隙間や樹皮下に1～2個の球形に近い卵を産む。単為生殖をする全雌集団と考えられる。1匹からでも集団を立ち上げることができるため、今後さらに分布を拡大するであろう。この集団はさらに2倍体と3倍体のクローン株に分けられる。このなかには遺伝的に異なる複数のクローンが存在し、大東諸島からは12タイプものクローンが知られている。〔**大東諸島での絶滅のおそれのある地域個体群（LP）**〕

# ホオグロヤモリ

**学名** *Hemidactylus frenatus* **漢字名** 頬黒守宮
**英名** Common house gecko

ホオグロヤモリの交尾　9月　西表島（U）

ホオグロヤモリの卵　3月　父島（U）

林内で昼間見かけたホオグロヤモリ　9月　沖縄島（M）

**大きさ**　全長90～130mm　頭胴長45～60mm

**分布・生息環境**　奄美大島以南の南西諸島と小笠原諸島に分布。国外では大陸の内陸部を除く全世界の熱帯・亜熱帯域に広く分布し、人為分布により分布を拡大している。屋内だけでなく自動販売機、電話ボックスなどでも見かける。御嶽内の森林やサトウキビ畑などにもいる。

**特徴**　基色は灰色だが、白くなったり黒っぽくなったりする。体背面は顆粒状鱗でおおわれ、大粒の顆粒状鱗が混在する。個体によっては体側や胴の後部だけに大粒鱗が見られる。四肢は比較的短く、後肢の後縁にはみずかき状のひだを欠く。指下板は２分し、指の下面ほぼ全域をおおう。第１指には明瞭な爪を備え、爪はその基部まで指から遊離している。尾は全長の半分ぐらいで、斑点が出る場合がある。後頤板はほぼ同じ大きさのものが前後に２対あり、いずれも後続のうろこより著しく大きい。成体雄には25～35個の前肛孔があり、左右の大腿部の間に連続した列をなす。別名ナキヤモリと呼ばれ、春～秋の暖かい日の夕暮れに、笑い声や鳥の鳴き声に似た「キョッキョッキョッ」という声で鳴く。

４月上旬～９月上旬に、非粘着性の卵を１回に２個、年に２～３回、壁の隙間や樹皮下に産む。卵は２か月で孵化し、早いものは翌夏に性成熟する。昆虫など小型無脊椎動物を捕食する。

**類似種との識別**　尾に棘状の突起が見られることが、他種との区別点である。ただしこの突起は再生尾にはない。

# タシロヤモリ

**学名** *Hemidactylus bowringii* **漢字名** 田代守宮
**英名** Bowring's gecko

木の上で休むタシロヤモリ　10月　奄美大島（S）

**大きさ**　全長90〜120mm　頭胴長45〜55mm

**分布・生息環境**　奄美諸島、沖縄諸島、宮古諸島、八重山諸島に分布するとされるが、奄美大島と周辺の小島以外からは近年報告された記録がない。国外では台湾や海南島を含む中国南部、バングラデシュ、インド北東部に分布する。

**特徴**　基色は灰褐色または淡褐色で、暗褐色の不規則な斑紋や縦条がある。指下板は2分し、指の下面のほぼ全域をおおう。第1指は比較的よく発達し爪を備える。後頤板は前後に2対あり、後方の1対は前方のものより小さいが、いずれも後続のうろこより著しく大きい。胴部の背面には大型の顆粒状鱗を欠き、後肢後縁には皮膚性のひだがない。尾部は平たく断面は楕円形。非再生部にも大型鱗環はない。成体雄には23〜31個の前肛孔があるが、孔をもたない。2〜5枚の大型鱗によって中央で分断されている。声は低く、あまり鳴き声を耳にすることはない。夜間、民家の照明や街路灯の周辺で昆虫を捕食する。和名は国内で初めて宮古島で採集した田代安定氏に由来。

ホオグロヤモリに似るがタシロヤモリには尾に棘状の突起がない　奄美大島産（S）

**類似種との識別**　ホオグロヤモリに似るが、本種の第1指先端の爪は他の指と同様に発達している。背面に大型の顆粒状鱗がなく、尾に棘状の突起がなく滑らかなことも相違点である。〔情報不足（DD）〕

# キノボリヤモリ

**学名** *Hemiphyllodactylus typus typus*　**漢字名** 木登守宮
**英名** Tree gecko

**大きさ**　全長60～80mm　頭胴長33～45mm

**分布・生息環境**　西表島、宮古島、多良間島に分布する。国外では東南アジアからニューギニア、太平洋の熱帯・亜熱帯域の島々に分布。1989年に西表島で見つかったものが最初。今後、八重山諸島や宮古諸島の他の島々からも発見される可能性がある。建物の壁や街路樹、開けた環境の樹上や樹皮下にいる。

**特徴**　いくつかの個体群は単為生殖をする全雌集団と考えられている。単為生殖集団はわずか１個体が分散しただけでも新たな集団を確立することができるため、今後、分布はさらに拡大する可能性がある。日本のヤモリのなかではきわだって胴長短足。最短部の指下板は極端に小さく、三角形ないしハート形で２分しない。２番目以下の３～６枚は中央で指の付け根方向に大きく弧を描き、２～４枚は２分する。指の下面のうち、指下板がおおっているのは先端の2／3~1／2ほど。前後肢とも第１指には爪がない。胴部の背面や四肢は大型の顆粒状鱗を欠く。後肢の後縁には皮膚のひだはない。尾部は断面が円形で大型鱗環を欠く。

小型で動きが速いキノボリヤモリ　5月　多良間島（M）

１度に１～２個の球形に近い固着性の卵を、竹の茎や樹皮下、葉鞘間などに産み付ける。

# ミナミトリシマヤモリ

**学名** *Perochirus ateles*　**漢字名** 南鳥島守宮
**英名** Micronesian gecko

**大きさ**　全長120～190mm　頭胴長55～90mm

**分布・生息環境**　国内では南硫黄島、南鳥島のみから報告されている。国外ではミクロネシアの島々に分布する。海岸地帯の岩場から見つかっているが、国外では樹上にもすむ。

**特徴**　トカゲモドキを除けば日本最大のヤモリ。頭部のくびれがあまりなく、尾部は扁平で幅広い。指下板は指下面の先端3／4前後をおおい、第１指を除き先端寄りの６～８枚は中央で２分している。第１指は極端に小さく、大部分で第２指に癒合している。前肢の第１指は爪を欠くが、後肢は爪を備えている。胴部の背面や四肢は大型の顆粒状鱗を欠く。後肢後縁には弱い皮膚のひだがある。背面には大型鱗を欠くが、非再生尾では側面に一定間隔で鋸歯状のうろこが並ぶ。成体雄は前肛孔を欠く場合と、２～５個の前肛孔をもつ場合とがある。

ミナミトリシマヤモリ　南鳥島産（Tu）

詳しい生態は不明。流木などを利用した漂流分散と考えられている。

# 外国産ヤモリ科

**トッケイヤモリ** *Gekko gecko*
（上下3点とも）ヤモリ属
分布：東南アジア一帯（インド、ミャンマー、タイ、ラオス、カンボジア、ベトナム、フィリピン、マレーシア、インドネシア、中国南部）
全長：25〜35cm
森林から人家にまで生息する樹上性の大型ヤモリ。鳴き声がそのまま学名となっている。(U)

**スミスヤモリ** *Gekko smithi* ヤモリ属
分布：ミャンマー、タイ、インドネシア、オーストラリア諸島など　全長：25〜37cm　森林性で樹上性の大型ヤモリ。眼の色はグリーンまたは青緑色で、大型昆虫や他種のヤモリなどを食べる。(U)

**バナナヤモリ** *Gekko ulikovskii*
ヤモリ属　分布：ベトナムなど
全長：18〜22cm　ゴールデンゲッコーと呼ばれることもある中型のヤモリ。背面は黄〜黄金色になるが、体調が悪いと黒ずむ。(U)

**ヤシヤモリ** *Gekko vittatus* ヤモリ属
分布：ソロモン諸島、ニューギニア、オーストラリア諸島など　全長：22〜30cm
基本的に背中線上に白条が入るが、そうでない個体もいる。森林から人家まで広く見られる。(U)

**テイラーヤモリ** ***Gekko taylori*** ヤモリ属
分布：タイ　全長：24〜28cm
スミスヤモリに似るが体の基色が異なり、きゃしゃな体形。森林の樹上で生活している。他種のヤモリなどを食う。(U)

**インドカベヤモリ** ***Hemidactylus maculatus***
（左右とも）ホオグロヤモリ属　分布：インド
全長：18〜20cm　森林性のカベヤモリの仲間。背面は突起のあるうろこでおおわれており、尾部ではより顕著である。(U)

**ダコタカベヤモリ** ***Hemidactylus triedrus*** ホオグロヤモリ属
分布：インド、パキスタン、スリランカ　全長：10〜12cm
森林ぎわの荒れ地などに生活している。(U)

# クロイワトカゲモドキ

**学名** *Goniurosaurus kuroiwae kuroiwae* **漢字名** 黒岩蜥蜴擬
**英名** Kuroiwa's ground gecko

林道で見かけた再生尾のクロイワトカゲモドキ成体　8月　沖縄島北部（M）

**大きさ**　頭胴長75～85mm

**分布・生息環境**　沖縄島、古宇利島、瀬底島に分布する日本固有亜種。山地の洞穴、多孔質の琉球石灰岩の岩場からなる森林や墓地周辺などに見られる。

**特徴**　木や壁を登ることがない地上性のヤモリの仲間。他のヤモリ類と違い、まぶたが動くのが特徴。頭部が大きく吻部は尖り、四肢の指がいずれも細長く、指下板がない。移動の際には四肢を踏んばり、体を地面から持ち上げる。体形は細長く、虹彩は赤紫ないし赤褐色。瞳孔は縦長。背面の基色は黒紫色で、胴の少なくとも前半部の背中に淡い桃色の縦条が走る。成体には明瞭な横帯がない。縦条で隔てられた左右の暗色部には、不規則な明色の小斑が見られる。斑紋には個体変異が多い。腹面は淡い褐色で扁平なうろこが瓦状に並ぶ。尾は頭胴部より短くて太く、栄養状態のよい個体では特に太い。1度も切れていない尾は帯状の模様だが、再生尾は白と黒のモザイク模様になる。4～10月が活動期で、よく見られる。

交尾は4～7月に行われ、5～8月に2～3度産卵する。産卵は1度に2個。1回の産卵から次の排卵まで1か月程度かかる。9～11月に孵化し、30mmほどの孵化幼体が見られる。20か月で頭胴長75mmに達し、性成熟する。寿命は約6年。クモ類、昆虫、ムカデ、ワラジムシや小型の無脊椎動物を食べる。アカマタやムカデに捕食されることがある。イタチやマングースなどの移入動物による捕

脱皮中のクロイワトカゲモドキの成体　8月　沖縄島北部（M）

背中に1本のストライプが入る幼体　3月　沖縄島南部（S）

食や、ペットとしての商取引きを目的とした違法採集の悪影響も心配される。

沖縄島南部と北部の集団の間に遺伝的分化が生じており、南部の個体群は北部の個体群より伊江島の集団（マダラトカゲモドキ）に近いことがわかっている。1978年に沖縄県の天然記念物に指定。

〔絶滅危惧Ⅱ類（VU）〕

まだ若い個体　1月　沖縄島北部（M）

# マダラトカゲモドキ

**学名** *Goniurosaurus kuroiwae orientalis* **漢字名** 斑蜥蜴擬
**英名** Spotted ground gecko

マダラトカゲモドキの成体。明かりを当てるとすぐに穴に逃げ込む　5月　渡嘉敷島（M）

**大きさ**　頭胴長75〜85mm

**分布・生息環境**　伊江島、渡嘉敷島、渡名喜島、阿嘉島に分布する日本固有亜種。年間を通して湿潤な林の周辺や石灰岩洞にすみ、石垣や防空壕付近で見られる。

**特徴**　体は細長く、虹彩は赤紫ないし赤みがかった暗褐色である。背面の基色は暗褐色で、胴部には桃色がかったクリーム色の横帯が3〜5本ある。さらに同様の色の縦条が部分的に背中を走る。横帯や縦条に囲まれた暗色部には不規則な淡い色の小斑が見られる。腹面は淡い褐色で、扁平なうろこが瓦状に並ぶ。

4〜9月の蒸し暑い日の夜には、林道や路上で活動している個体を目撃することができる。

6月上旬〜7月中旬に輸卵管卵をもった雌が現れ、1度に2個産卵する。クモや昆虫の幼虫など地上生の無脊椎動物を食べていると思われる。総排出口の後ろがふくれているのが雄で、雌はふくらんでいない。現地ではジーハブ、アシハブなどと呼ばれ、毒のある生物だと思われているが、実際は毒はない。沖縄県の天然記念物に指定されている。

渓流沿いで見た再生尾の個体　3月　渡嘉敷島（S）

〔絶滅危惧ⅠB類（EN）〕

# オビトカゲモドキ

**学名** *Goniurosaurus kuroiwae splendens* **漢字名** 帯蜥蜴擬
**英名** Banded ground gecko

渓流に現れたオビトカゲモドキ。赤みを帯びた横帯が目立つ　5月　徳之島（M）

**大きさ**　頭胴長65～75mm

**分布・生息環境**　奄美諸島の徳之島に分布する日本固有亜種。内陸部の丘陵地に残る湿潤な林やその周辺に生息している。石灰岩地域や山地や洞穴、石のごろごろした渓流、山間部の民家付近でも見られる。

**特徴**　他の亜種に比べて体がやや小さく、細長い。頭部は短く幅が広い。吻部は尖る。背面の基色は黒褐色ないし暗褐色。虹彩は赤紫か赤みがかった暗褐色。胴背面に3本、頸部に1本の淡桃色または橙色の横帯があり、縦条や横帯間の斑紋などはなく、模様の個体変異は少ない。腹面は淡褐色で、胸部のうろこは厚みがあり敷石状に並ぶ（他の亜種では扁平な瓦状）。尾には数個の白色リング模様があるが、再生尾では青白色のまだら模様になる。攻撃されると尾を振り上げ、体を揺り動かす。4～9月の夜間に活動するが、雨天時には活動が低下する。

6月上旬～7月中旬に輸卵管卵をもった雌が現れ、1度に2個産卵すると思われる。クモやミミズ、昆虫の幼虫など地上性の小型無脊椎動物を食べる。鹿児島県の天然記念物に指定されている。

体が小さく、細長い体形　5月　徳之島産（S）

〔絶滅危惧ⅠB類（EN）〕

# イヘヤトカゲモドキ

**学名** *Goniurosaurus kuroiwae toyamai* **漢字名** 伊平屋蜥蜴擬
**英名** Toyama's ground gecko

岩場の穴近くに現れた完全尾のイヘヤトカゲモドキ　5月　伊平屋島（M）

**大きさ**　頭胴長75～85mm

**分布・生息環境**　沖縄諸島の伊平屋島に分布する日本固有亜種。年間を通して湿潤な自然度の高い林とその周辺、岩場、墓地などにすむ。

**特徴**　虹彩は赤紫ないし赤みがかった暗褐色。背面の基色は黒色か暗褐色で、胴部に淡桃色の帯状斑が3～5本ある。背中線は見られない。これらの横帯の間の暗色部には、明色の斑紋などは見られない。腹面は淡褐色で扁平なうろこが瓦状に並ぶ。全体として太短い感じがする。5～8月の夜間に活動することが知られる。

1度に2個の卵を産む。主にクモ類や昆虫類の幼虫など、地上性の小型無脊椎動物を捕食する。日本に産するトカゲモドキの仲間では最も逃げ足が早いような感じがする。環境省のレッドリストでは最もランクが高い絶滅危惧類に指定され、沖縄県の天然記念物にも指定されている。開発にともなう生息地の分断や消失が危惧されている。

再生尾の成体　5月　伊平屋島（M）

**類似種との識別**　胴部背面に淡色の背中線がなく、胴の幅が広くがっちりした体形をしている点で、他の亜種と区別できる。

〔絶滅危惧ⅠA類（CR）〕

# クメトカゲモドキ

**学名** *Goniurosaurus kuroiwae yamashinae* **漢字名** 久米蜥蜴擬
**英名** Yamashina's ground gecko

クメトカゲモドキは地上性だが、ときには倒木の上や岩に登っている姿も見かける　9月　久米島（U）

黄色の斑紋が鮮やかな頭部　7月　久米島（M）

台風の大雨の中、現れた成体　9月　久米島（M）

**大きさ**　頭胴長75～85mm

**分布・生息環境**　沖縄諸島の久米島に分布する日本固有亜種。ヤマシナトカゲモドキともいう。湿潤な林と林縁部に生息し、流れの周辺の岩場などでも見かける。

**特徴**　細長い体形で、背面の基色は暗褐色、胴部には黄色の横帯が4本ある。背中に縦条はない。横帯に囲まれた暗色部には不規則な明色の小斑が見られる。腹面は淡褐色で扁平なうろこが瓦状に並ぶ。

6月中旬～7月中旬に輸卵管卵をもった雌が現れ、1度に2個産卵するらしい。

現存するクロイワトカゲモドキの5亜種の中では最も早く分岐したと考えられる。まず本亜種が最初に他から分かれ、その後2つの集団に分岐し、最後にそれぞれの集団からマダラトカゲモドキとクロイワトカゲモドキ、イヘヤトカゲモドキとオビトカゲモドキが分かれるという進化史をたどってきたと考えられている。

久米島に移入されたウシガエルの影響が懸念される。沖縄県の天然記念物。

**類似種との識別**　眼の色が他の集団と違って金色～黄褐色（黄色）である（他は赤紫色）。また、各指の付け根に大型鱗をもたず、てのひら部分に大型のうろこがあることでも区別できる。

〔絶滅危惧ⅠA類（CR）〕

# 外国産トカゲモドキ科

**ベトナム・レオパードゲッコー** *Goniurosaurus araneus*（左右とも）
キョクトウトカゲモドキ属　分布：ベトナム北部
全長：20～22cm
かつてはベトナム産ハイナントカゲモドキと呼ばれていたもので、1999年に新種として記載された。(U)

**サヤツメトカゲモドキ** *Coleonyx elegans*（左右とも）
アメリカトカゲモドキ属　分布：メキシコ、グアテマラ、エルサルバドル　全長：16～20cm　爪が鞘状の皮膚でおおわれている。森林のやや湿った地表で活動する。夜行性。日本に同属はいないが、まぶたをもつトカゲモドキの仲間である。(U)

**サヤツメトカゲモドキの幼体**（U）

**バンドトカゲモドキ** *Coleonyx variegatus*
アメリカトカゲモドキ属
分布：米南西部、メキシコ西部　全長：11～15cm
荒れ地や砂漠地帯に生息する。いくつもの亜種に分けられる。(U)

**テキサス・バンデッドゲッコー** *Coleonyx brevis* アメリカトカゲモドキ属
分布：米ニューメキシコ州〜テキサス州南部、メキシコ　全長：10〜12cm
岩の多い荒れ地や半砂漠地帯に生息している。(U)

**ボウシトカゲモドキ** *Coleonyx mitratus*（左右とも）
アメリカトカゲモドキ属　分布：中米（グアテマラ、ホンジュラス、コスタリカなど）　全長：16〜18cm
両眼を結ぶ白帯が頭部を一周しており、あたかも帽子をかぶっているように見える。森林の地表で生活する。(U)

**ヒガシアフリカトカゲモドキ** *Holodactylus africanus*
ヒガシアフリカトカゲモドキ属　分布：ソマリア〜タンザニア
全長：11〜13cm　地中に穴を掘って生活している。眼のまわりがクリーム色に縁取られていて目立つ。(U)

**オマキトカゲモドキ** *Aeluroscalabotes felinus*
オマキトカゲモドキ属　分布：ボルネオ、タイ、マレー半島
全長：15〜18cm　枝などを巧みに登る半地上性で、森林深くに生息する。キャットゲッコーと呼ばれる。(U)

**ヒョウモントカゲモドキ　ノーマル**　***Eublepharis macularius***（上下3点とも）　ヒョウモントカゲモドキ属
分布：インド北西部、パキスタン、アフガニスタン南西部、イラン東部　全長：18〜25cm
岩の多い荒れ地やステップに生息する。1頭の雄を中心とするハーレムを形成する。観賞用として人気が高く、繁殖も容易。さまざまな改良品種が存在する。
近年は国内での繁殖例も多い。(U)

**ヒョウモントカゲモドキ**
尾に栄養分を蓄えるため、健康な優良個体は尾が太くしっかりとしている。(U)

**ヒョウモントカゲモドキ　アルビノ**
黒色色素が欠乏したバリエーションの1つ。(U)

**ヒョウモントカゲモドキ　リューシスティック**
黒色色素が欠乏したため、体表の斑紋が消失したバリエーションの1つ。パターンレスとも呼ばれる。(U)

**ヒョウモントカゲモドキ　リューシスティック（ブリザード）**
黒色色素が欠乏し、同時に白色色素が発達したバリエーション。全身真っ白なためブリザード(大吹雪)とも呼ばれる。(U)

**ヒョウモントカゲモドキ　ザンティック(ハイイエロー)**
黄色色素が増加したバリエーション。さまざまなタイプが知られる。(U)

**ヒョウモントカゲモドキ　タンジェリン**
全身もしくは部分的にオレンジ色が入るバリエーション。(U)

**●ヒョウモントカゲモドキの雌雄の判別**
雌(上)：前肛孔が目立たず、総排出口付近もふくらみがほとんどない。
雄(下)：総排出口の後部両脇がふくれており(ペニスが収納されているため)、前肛孔が目立つ。(U)

**ヒョウモントカゲモドキ　ジャングル**
不規則な模様が入るバリエーションの1つ。(U)

**ニシアフリカトカゲモドキ** ***Hemitheconyx caudicinctus***
(左右)　ニシアフリカトカゲモドキ属
分布：アフリカ大陸西部（セネガル〜ナイジェリア）
全長：18〜22cm　荒れ地などの乾燥した場所だけでなく、草原などの湿った場所にもすむ。背中線上にストライプの入る個体や、改良品種も輸入されている。(U)

**ニシアフリカトカゲモドキ　ストライプパターン**
背中線上に白いラインが入る野生種。(U)

**ニシアフリカトカゲモドキ　ハイポメラニスティック**
黒色色素が減退したバリエーションの1つ。(U)

# グリーンアノール

**学名** *Anolis carolinensis*
**英名** Green anole

パパイヤの木に登るグリーンアノール。体色はまたたくまに変化する 3月 父島（M）

**大きさ** 全長：雄180〜200mm、雌120〜180mm 頭胴長：雄60〜75mm、雌43〜60mm

**分布・生息環境** 帰化種。日本には1960年代後半より小笠原諸島に移入され、父島・母島で定着した。また1989年に沖縄本島南部で1個体、94年には那覇市内の限られた地域で繁殖集団が確認された。北米原産で、ハワイ島、オアフ島、グアム島、ヤップ島などにも移入されている。民家周辺から林縁部まで幅広い環境に適応している。ミドリアノールともいう。

**特徴** 褐色〜黄緑色に体色を変化させる。雄はなわばりをもち、複数の雌を取りこむ。雄ののどには扇のような皮膚の膜（のど袋）があり、求愛行動やなわばりを誇示するときにこれを広げる。樹上性で、木にいる昆虫類を主に食べる。昼行性で夜は葉陰で寝ている。

3〜9月が産卵期で、2週間に1個の頻度で産卵を続け、1シーズンに20個以上を産卵する。40日程度で孵化する。雌は翌年性成熟するが、雄のほうはなわばりをもてるようになるまでにはもう1年かかる。

在来のトカゲ類に対する悪影響を示唆する観察結果が得られており、早急な対策が望まれる。属名の*Anolis*は、西インド諸島におけるトカゲの類の呼称に由来している。

**類似種との識別** 沖縄ではキノボリトカゲと見間違えそうであるが、雄ののど袋が小さく、本種の場合は形が扇形なのに対して、キノボリトカゲは小さな三角形をしていることで区別がつく。

コオロギを捕食。食欲旺盛でかなり大型の昆虫も食べる。ミドリアノールとも呼ばれる　7月　母島産（U）

古くからペットとして流通してきた　飼育個体（U）

体色は緑色～茶褐色と変化に富む　9月　マウイ島（U）

樹上で休むグリーンアノール　3月　父島（M）

脱皮する個体　9月　ハワイ・マウイ島（U）

**ガーマンアノール** *Anolis garmanni* アノールトカゲ属
分布：ジャマイカ 全長：20〜25cm
森林に生息し、樹上性。気性が激しく、口を開けて威嚇する。(U)

**サバアノール** *Anolis sabanus*
アノールトカゲ属
分布：小アンティル諸島サバ島
全長：10〜12cm
黒い水玉模様が特徴的である。
樹上性。(U)

**アノールトカゲの仲間**
雄がのど袋を広げている。
フロリダ半島 (U)

**ナイトアノール** *Anolis equestris*
(左右とも) アノールトカゲ属
分布：キューバ、フロリダ（人為分布）
全長：30〜50cm
頭部は骨質化して大きい。樹上性で昼行性だが、動きは敏捷でない。(U)

**アノールトカゲの仲間**
交尾は日中に行われ、雌に選択権があり、交尾時間は30分に及ぶ。
コスタリカ（M）

## Topics イグアナの話

10～15年ほど前に爬虫類ブームなるものが起きたことは記憶に新しい。マスコミがこぞって取り上げ、爬虫類を飼うことが流行した。その象徴的な存在がイグアナ（グリーンイグアナ *Iguana iguana*）であった。全長30cmほどのイグアナの幼体が飛ぶように売れ、ペットとして定着するかのように見えた。

しかしながら、中米原産のかれらは成育に多くの紫外線を必要とし、また成長すると全長1mを超える大型種となる。とうてい狭い水槽やカゴでは生涯飼育は不可能で、その大半が死亡するか、手に余る存在となってしまうわけである。

同じペットでも、大型犬を飼うときにはそれなりの覚悟で購入するのだから、爬虫類の場合でも全く同じように考えたいものである。衝動買いは買ったほうも買われたほうも幸せにならない。

全長1mほどのグリーンイグアナ（U）

# オキナワキノボリトカゲ

**学名** *Japalura polygonata polygonata* **漢字名** 沖縄木登蜥蜴
**英名** Okinawan tree lizard

オキナワキノボリトカゲの成体　6月　奄美大島（M）

とさかとのど袋は威嚇に使われる　9月　奄美大島（S）

草原で餌を探す個体　5月　沖縄島（M）

**大きさ**　全長：雄250mm、雌200mm 頭胴長：雄70～85mm、雌60～70mm

**分布・生息環境**　奄美諸島、沖縄諸島の大部分に分布する日本固有亜種。リュウキュウキノボリトカゲともいう。森林にすむが、林に近い庭木や道端の木、墓地や公園の樹木など比較的開けた場所を好む。また本種はアガマ科で最も北東に分布するものである。

**特徴**　頭部は角張って大きく、吻部は三角形で頭頂部は平たいが、首の付け根で細くなる。後頭部にとさか状のうろこが1列ある。長いあしの先端に鉤爪をもち、上手に木に登る。雄は緑色もしくは緑褐色の基色で、体側に黄色い縦条が入り、のどには黄色のひれ飾りがある。雄は雌よりもやや大きい。雌はくすんだ緑の基色。幼体は基色が褐色で、褐色の横帯が5本入る。驚くと黒褐色になる。

産卵は4～8月に見られ、地上の落葉の下などに1～4個産卵する。40～60日で孵化し、6月上旬～9月上旬に孵化幼体が現れる。雄は林内の見晴らしのいい場所になわばりをもつ。他の雄が侵入すると、背中のとさか状のうろこを逆立て、のど袋をふくらませ、胴を縦に平たくして自分を大きく見せる。腕立て伏せのように前あしを曲げのばし、それでも侵入者が逃げなければ闘争する。2匹は逆方向に向きながら平行に並んで尾を振ったり、口を開けたりして威嚇しあう。それでも逃げなければ、尾に嚙み付く。

主に昆虫類やクモを食べる。かなり大きな昆虫も捕食し、特にアリやセミは大好物。木の枝の先端で寝ることが多い。これは、寝ているときに外敵が近づいても、枝がしなることでわかるからである。摂餌以外に地面に降りることはほとんどない。ペット用に乱獲されたり、森林の減少、移入捕食者の増加などにより、生息数が減少傾向にあるが、保護対策はとられていない。　〔絶滅危惧Ⅱ類（VU）〕

# サキシマキノボリトカゲ

**学名** *Japalura polygonata ishigakiensis* **漢字名** 先島木登蜥蜴
**英名** Sakishima tree lizard

サキシマキノボリトカゲの成体。夜間、林の中の草の上や木の枝で寝ている姿を見かける　7月　石垣島（M）

脱皮中の成体　9月　西表島（M）

孵化してまもない幼体か、逃げようとしなかった　9月　石垣島（U）

**大きさ**　全長：雄200mm、雌170mm　頭胴長：雄60～68mm、雌55～65mm

**分布・生息環境**　宮古諸島、八重山諸島に分布する日本固有亜種（ただし与那国島の個体は別亜種ヨナグニキノボリトカゲ*J. p. donan*となった）。人里より林の中に多い。公園や御嶽などの林や道端の木でよく見かける。

**特徴**　褐色またはオリーブ色の基色で、雄は成熟しても緑色にならず、胴を斜めに横切る帯状斑紋は白色。雌は褐色または緑褐色の基色で、白い斑点が縞模様に並ぶ。雌雄とも上唇部に白い線がある。

名前の通り木登りが非常にうまく、捕らえようとすると素速く樹幹を螺旋状に回って逃げるのが特徴。他のトカゲ類と違って尾を押さえても容易に切れない。頭を下にして幹に止まることが多く、頭を左右に傾けて眼を動かし、上や下を見ている。夜は枝先にしがみついて寝る。昆虫やクモなどの小動物を食べる。雄はなわばりをもち、侵入者がいると腕立て伏せのような威嚇行動をとる。

産卵期は4～8月で、産卵数は2～3個。鳥やヘビ、イタチに捕食される。

**類似種との識別**　オキナワキノボリトカゲより小型。本種の雄は成熟しても緑にならない。〔準絶滅危惧（NT）〕

# ニホントカゲ

**学名** *Plestiodon japonicus* **漢字名** 日本石竜子
**英名** Japanese five-lined skink

民家の軒下で日光浴をするニホントカゲ 4月 和歌山県（U）

**大きさ** 全長200～250mm 頭胴長60～96mm

**分布・生息環境** 北海道、本州、四国、九州と周辺の島に分布する。対馬、伊豆諸島にはいない。国外では沿海州に分布。最近の研究では、近畿地方を境とする東西の集団が知られている。庭、畑、道路脇の斜面、林縁部、石垣や山道にすむ。

**特徴** ずんぐりした体形と滑らかなうろこが特徴。成体は基色が茶褐色または暗褐色で、体側に黒褐色の1縦条が見られる。幼体は黒い体に5本の黄色い線が入り、尾はコバルトブルー。成長とともに尾の青色は消えるが、雌は消えるのが遅く、成体でも青い尾をもつものが多い。また、尾の付け根が太いのが雄、細いのが雌である。雄の成体は頭が大きくあごが張ってくるが、雌はほっそりしている。雄は2回冬を越すと成熟するが、雌の性成熟はその1年後となる。体鱗列数は24～28列。

交尾期の4～5月、雄にはオレンジ色の婚姻色が現れる。繁殖期に雄同士が出会うと、円を描きながら頭部を噛み合う激しい闘争を行う。5月下旬～6月上旬、石の下や土手の斜面の巣穴に鶏卵型の卵を5～16個産む。雌は卵を転がしたり舐めたりして、孵化するまで世話をする。31～35日で孵化。ミミズ、クモ、ワラジムシ、コオロギを主に食べる。長距離を走れないので、驚くとすぐに隠れる。

尾は大変切れやすく、ちょっと押さえただけで切れる。この切れた尾が激しく動き、敵の注意がそれた隙に逃げるという戦略である。幼体の尾が鮮やかに青いのも、尾の自切で身を守るためである。

悪石島以北の吐噶喇列島のニホントカゲは、それぞれの島で長期間隔離された結果、相互に周辺地域の個体群から少なからず分化した独特の個体群となっているが、ネズミ駆除の目的で導入されたイタチの影響で、生息密度が極端に減少している。

地上のクモやコオロギなどを素速く追いかけて捕食する　5月　和歌山県（U）

民家の庭先で日光浴をする　8月　滋賀県（S）

崖に穴を掘って冬眠する　12月　滋賀県（S）

幼体の尾は青く目立つので、敵の注意を向けさせて、いざとなれば自切して逃げ、身を守る　8月　滋賀県（S）

# オカダトカゲ

**学名** *Plestiodon latiscutatus* **漢字名** 岡田石竜子
**英名** Okada's five-lined skink

リラックスして四肢を完全に広げているオカダトカゲ　5月　静岡県（伊豆半島）（M）

餌を探す若い個体　5月　神津島（M）

オカダトカゲの顔（U）

日光浴に出てきたところ　5月　神津島（M）

**大きさ**　全長200～250mm　頭胴長60～96mm

**分布・生息環境**　伊豆半島の一部と伊豆諸島に分布する日本固有種。海岸沿いのガレ場、民家付近の石垣、山地の草むらや林などに生息。

**特徴**　ニホントカゲよりも幼体の尾の青色が早期に失われる傾向がある。また孵化したばかりでも頭頂部の二叉線が失われる個体がいる。

交尾期は4～5月。6～7月に倒木や石の下に10cmほどの浅い巣を掘り、楕円形で乳白色の卵を4～12個、隔年で産む。卵が孵化するまでの30～40日間は雌が世話をする。孵化幼体は30mmほどで、3年以上かかって性成熟する。寿命は約6年。クモやミミズなど地表性の無脊椎動物を捕食。ネズミ駆除用に放たれたイタチの影響で急速に減っている。

**類似種との識別**　体鱗列数がニホントカゲの24～28列に対して、本種では26～30列。頭部のうろこの様子が少し違い、体色斑紋も違うことがある。

〔三宅島、八丈島、青ヶ島での絶滅のおそれのある地域個体群（LP）〕

# アオスジトカゲ

**学名** *Plestiodon elegans* **漢字名** 青筋石竜子、藍尾石竜子
**英名** Elegant five-lined skink

まだ幼体のおもかげを残すアオスジトカゲの若い個体　2月　台湾産（S）

**大きさ**　全長170～220mm　頭胴長67～75mm

**分布・生息環境**　日本では尖閣諸島の魚釣島、南小島などに分布。国外では中国東部、台湾に分布。尖閣諸島では、海岸付近から山林に普通に見られる。

**特徴**　成体の基色は褐色で、体側には黒褐色の幅広い縦条が走る。幼体の基色は真っ黒で黄条が３本走り、正中の縦条は頭部で２本に分岐する。尾は鮮やかな藍色。体鱗列数26～28列。体側には鼻孔部を通る黄色い筋がある。大腿部の後面に不規則な大型のうろこが集まる。うろこの配列は左右で異なることがあり、大型鱗が小さく分かれるものもある。

岩山が多く昆虫相の貧弱な尖閣諸島では、カツオドリがひなに持ち帰った魚のおこぼれをもらう。古い記録では琉球諸島各地からの報告があるが、これはバーバートカゲやイシガキトカゲなどの見誤りである。

大腿部にある不規則な大型のうろこ　台湾産（S）

幼体には名前の通り鮮やかなコバルトブルーの筋模様がある。

**類似種との識別**　オキナワトカゲによく似ているが、後肢の内側にある不規則な大型のうろこの集まりで区別できる。

〔絶滅危惧ＩＢ類（EN）〕

# バーバートカゲ

**学名** *Plestiodon barbouri* **漢字名** バーバー石竜子
**英名** Barbour's five-lined skink (Barbour's blue-tailed skink)

森林域でよく見られる。動きは非常に素速い 6月 沖縄島 (S)

**大きさ** 全長180mm 頭胴長50～70mm
**分布・生息環境** 沖縄島、渡嘉敷島、久米島、伊平屋島、奄美大島、加計呂麻島、与路島、請島、徳之島に分布する日本固有種。イタジイが優占する照葉樹林のある比較的標高が高い島嶼の山地森林域でしか見られない。
**特徴** 体鱗は滑らかで、後鼻板をもつものともたないものがいる。幼体の背面は黒褐色で５本の淡黄色条があり、尾は鮮やかな瑠璃色をしている。背面の淡黄条は頭頂部で二叉して吻部にのびている。成体になっても、雌では幼児期の淡黄色条が残る場合が多いが、雄では背面や尾部は茶褐色になる。腹面は淡灰色。

本種が生息する島では、山頂に向かう林道を登って行くと、高度が上がるにしたがって本種が多くなる傾向がある。これは、本種のいる島の平地には必ずオキナワトカゲかオオシマトカゲが生息し、それらとすみわけているためである。本来、バーバートカゲが島の先住者であったが、のちに進入してきたオキナワトカゲやオオシマトカゲに追われたとも考えられる。

３～９月が活動期で、７月上旬が産卵期だと思われるが詳しいことはよくわかっていない。主にクモやアリなどを食べる。森林伐採や捕食者（イタチやマングース）の侵入などで生息密度はかなり減少しているが、保護対策は特にとられていない。

**類似種との識別** 本種は奄美大島のオオシマトカゲの標本中から発見されたもの。幼体の尾はオキナワトカゲやオオシマトカゲより鮮やかな青色で、成体の体色も黒っぽい。胴中央部の体鱗列数は22～24（オキナワトカゲは24～30）。

〔絶滅危惧Ⅱ類（VU）〕

# イシガキトカゲ

**学名** *Plestiodon stimpsonii* **漢字名** 石垣石竜子
**英名** Yaeyama seven-lined skink

木漏れ日の射す林床で日光浴をするイシガキトカゲ 7月 西表島（U）

**大きさ** 全長150mm 頭胴長55〜80mm
**分布・生息環境** 八重山諸島の石垣島、西表島、黒島、新城島、鳩間島、小浜島、下地島、竹富島、波照間島に分布する日本固有種。与那国島には分布しない。ほぼ同所的に分布するキシノウエトカゲが低地の開けた場所にいるのに対し、本種は海岸沿いの石垣や草むらにもいるが、どちらかといえば山地の森林内にすんでいる。

**特徴** 5〜7本の淡黄条が胴に走り、頭部側面の淡黄条は耳孔の上部を通る。すみかによって体色が異なる。山地にすむものは幼時の体色がアオスジトカゲに似ていて、体もやや大きい。そのため以前はアオスジトカゲとされていたことがある。体鱗列数は26列。

繁殖期など詳しいことはわかっていない。観察例として、4月下旬に西表島で、のどから腹面にかけて濃いオレンジ色をした雄個体が、激しいなわばり争いのため、石垣の間を走りまわる姿が目撃されたことがある。

のど元が少しオレンジ色になった雄 4月 西表島（S）

昆虫やクモなどの小動物を食べる。

**類似種との識別** キシノウエトカゲとはかなり同所的にいるが、本種は頸の横の白線がばらばらにならないことで区別できる。アオスジトカゲとは、腿の後面に大型鱗がないことで容易に区別することができる。〔準絶滅危惧（NT）〕

# オキナワトカゲ

**学名** *Plestiodon marginatus marginatus* **漢字名** 沖縄石竜子
**英名** Okinawa five-lined skink

集落や耕作地に多く見られる　6月　沖縄島（S）

**大きさ**　全長150〜190mm　頭胴長60〜100mm

**分布・生息環境**　沖縄諸島に分布する日本固有種。山地森林域周辺部の開けたところから、海岸近くの砂地や集落、耕地、琉球石灰岩の岩場に生息する。

**特徴**　基色は褐色で、体背面は暗褐色。尾の黒い縦条は尾の半分以上に達する。尾は空色から青色が基色だが、成長に従って消えていく。体鱗列数は26。木の根元や砂地の斜面に巣穴を掘って寝る。

繁殖生態などの詳しいことはわかっていない。リュウキュウトカゲとも呼ばれている。イタチの導入によって個体数は激減している。

**類似種との識別**　島ごとの分布で判断するのがいちばん確実である。沖縄島ではバーバートカゲが山地に分布し、すみわけしている。また体色がバーバートカゲよりも白っぽい。尾にのびる黒い縦条の長さが、本種は尾の半分以上まで達するのに対し、オオシマトカゲは1／3に達しない。

雄の成体は頭部がオレンジ色になる　6月　沖縄島（S）

〔準絶滅危惧（NT）〕

# オオシマトカゲ

**学名** *Plestiodon marginatus oshimensis* **漢字名** 大島石竜子
**英名** Oshima five-lined skink

道路脇の土手で日光浴するオオシマトカゲ 8月 奄美大島（M）

**大きさ** 全長200mm 頭胴長60～100mm

**分布・生息環境** 宝島、小宝島、喜界島、奄美大島、徳之島、沖永良部島、与論島に分布する日本固有亜種。海岸や集落の石垣、耕地に生息。荒れた山地にもいる。

**特徴** オキナワトカゲの亜種とされているが、島によって形態が異なる点から分類の見直しが必要。

背面の体鱗が、中央部でも特に大きくない。幼体の尾の黒色縦条は尾の1／3ほどである。胴の中央部の体鱗列数や色彩が島により異なる。体鱗列数は宝島24、奄美大島26、喜界島28、徳之島・沖永良部島26～28となっている。色彩は、宝島の個体群は幼体の尾の基部が黄色ないしオレンジ色、沖永良部島・与論島の個体群は鮮やかな青色である。

バッタなどの小昆虫を食べる。

マングースが増えた場所では、しだいに見られなくなっている（M）

**類似種との識別** オキナワトカゲとは、若い個体において尾にのびる黒い縦条の長さが違う。オキナワトカゲでは尾の半分以上だが、本種では1／3に達しない。

〔準絶滅危惧（NT）〕

# キシノウエトカゲ

**学名** *Plestiodon kishinouyei*　**漢字名** 岸上石竜子
**英名** Kishinoue's giant skink

倒木の上で休むキシノウエトカゲ　9月　宮古島（M）

**大きさ**　全長400mm　頭胴長140～172mm
**分布・生息環境**　宮古諸島、八重山諸島に分布する日本固有種。海岸近くの砂地や畑の周辺に積んだ石垣近く、低山地の草原、サトウキビ畑などの開けた場所でよく見かける。
**特徴**　日本最大のトカゲで全長40cm以上に達する。同所的に生息するイシガキトカゲよりはるかに大きい。頭胴長が全長の半分を占め、胴の幅が広いため、大きさではずば抜けている印象である。

体表のうろこは比較的大きく、脂ぎったような光沢がある。幼時は尾が青色で胴から背中に７本の淡黄条があるが、成長するにつれて消える。成体の基色は黄土色で、側面からのどにかけて濃いオレンジ色の雲状紋がある。雌は幼体色がある程度残る。

３月頃、雄の成体には出っ張ったあごの両腹側面に紅色の婚姻色が現れる。またこの頃、激しい取っ組み合いの闘争が見られ、頭に噛み付くことがある。雌は地中に巣を作ってその中で産卵し、産卵後も巣穴内にとどまって子育てをする。７～８月になると頭胴長40mmほどの孵化幼体が見られる。昆虫、トカゲ類、カエル類を主に食べる。

日当たりのよい広場に出てきた若い個体　4月　西表島（M）

小さな島嶼ではイタチによって絶滅する可能性が危惧されている。以前は車道上で大型個体の轢死をよく見たが、最近ではあまり見られない。国の天然記念物

キシノウエトカゲの頭部　9月　宮古島（U）

マングローブ域でカニを食べる幼体　3月　西表島（S）

に指定されている。

**類似種との識別**　イシガキトカゲに似るが、本種の場合は幼体色における体側の淡黄条が頸部で分断されるのに対し、イシガキトカゲでは連続する。また頸の横の白線がばらばらになっている。幼体にある縦条のうち体側にあるものは耳孔で分断され、背面の縦条は頸のところで切れ頭頂部で3つの点に分かれる。

〔絶滅危惧Ⅱ類（VU）〕

全長30cmに少し満たないほどの個体　9月　石垣島（U）

# ミヤコトカゲ

**学名** *Emoia atrocostata atrocostata* **漢字名** 宮古蜥蜴
**英名** Beach skink (Coastal skink)

海水がかかりそうな波打ち際で
餌をあさるミヤコトカゲ 9月
宮古島 (S)

ミヤコトカゲの生息地。ミヤコトカゲは岩礁性海岸にすみ、危険を感じると、このような複雑な岩の隙間に素速く身を隠す。
宮古島 (S)

**大きさ** 全長180～200mm 頭胴長70～80mm

**分布・生息環境** 宮古諸島の宮古島、大神島、池間島、伊良部島、来間島に分布する。国外では東南アジアからオセアニアにかけ広域に見られ、宮古島は本種の北限である。岩礁性の海岸に生息し、海水からそれほど離れていないところにいる。鳥類を除く国内の陸上脊椎動物でこのような場所にのみ生息する動物は、ミヤコトカゲだけである。海水抵抗性が強く、波しぶきがかかる場所にもいる。また、干潮時には潮間帯にも出入りする。

**特徴** 四肢は比較的長くスマート。頭部は細長く吻部が伸長している。体鱗は非常に細かい。灰褐色の基色に白い細かな斑紋があり、側面は少し暗色を帯びる。腹面は黄色みを帯びている。下のまぶたには透明な1枚のうろこがあり、まぶたを閉じても外が見える。フナムシや小型のカニ類、昆虫類など海岸性無脊椎動物を食べる。潮だまりやテトラポッド周辺で餌を探している個体に出会うことが多い。また非常に日光浴が好きで、このような場所でよく見られる。

日本での生態はよくわかっていないが、フィリピンでは1年を通して繁殖している。これまで、マングローブ林内の樹洞で1回に2個産卵することが報告されている。また4～5月に輸卵管卵が確認されている。他の分布域から飛び離れて分布しているため、宮古諸島には流木とともに漂流移動してきたのか、人為的に運ばれてきたのかわかっていない。

和名は国内最初の発見地である宮古島にちなむ。本種の主な生息地である岩礁性海岸が護岸工事で埋め立てられ、生息域が脅かされている。またイタチなどに捕食されて個体数が減っている。

〔絶滅危惧Ⅱ類 (VU)〕

# ヘリグロヒメトカゲ

**学名** *Ateuchosaurus pellopleurus* **漢字名** 縁黒姫蜥蜴
**英名** Ryukyu short-legged skink

昼夜ともに活動するヘリグロヒメトカゲ 8月 沖縄島（M）

**大きさ** 全長90～120mm 頭胴長42～69mm

**分布・生息環境** 沖縄諸島、奄美諸島および吐噶喇列島、大隅諸島（竹島、硫黄島、黒島）に分布する日本固有種。低地林から山地林に生息する。湿った場所を好み、墓地周辺の林や、畑に積んである枯れ草の下などでごく普通に見られるトカゲである。

**特徴** 胴長短足のため、落葉の中を巧みに進むことができる。尾が体の半分を占めている。頭部中央にある鱗板が大変大きい。下まぶたの一部は半透明のうろこにおおわれており、まぶたを閉じても外が見える。体色は赤褐色～茶褐色の基色で、多くの個体に背中線上に不連続な暗褐色の筋がある。体側には黒褐色の縦条がある。

ヘリグロヒメトカゲの顔 10月 奄美大島（U）

繁殖期は４月下旬～８月。６月頃に交尾を行い、１度に２～７個の卵を産む。

**類似種との識別** サキシマスベトカゲと比べれば、本種は体側の黒褐色の縦帯が明らかで、この縦帯と背面の境界に淡い黄色の条線があること、頭の中央部にある鱗板が大きいことで区別できる。

# サキシマスベトカゲ

**学名** *Scincella boettgeri* **漢字名** 先島滑蜥蜴
**英名** Sakishima smooth skink

落葉や草の下を移動しながら餌を食べるサキシマスベトカゲ 9月 宮古島（M）

**大きさ** 全長80～130mm 頭胴長38～56mm

**分布・生息環境** 宮古諸島と八重山諸島に分布する日本固有種。尖閣諸島の集団については種が確定しておらず、タイワンスベトカゲ*S. formosensis*の可能性もある。林床や林縁部の落葉の多く堆積した陰湿な場所に生息し、枯れ葉をかきわけると出てくる。

**特徴** 暗褐色～赤褐色の基色で、背面は茶褐色で微小な黒褐色の斑点が散在する。体側には上下を白く縁取られた黒褐色の縦条がある。頭部は比較的小さく、吻部は先細る。胴は細長く、尾は全長の半分ほど。四肢が細くて短い。下まぶたのうろこが透明になっているので、落葉や軟らかな土の中に潜るときに、眼を開けた状態で前に進めるため非常に便利である。クモや小昆虫を食べる。

名の通りすべすべした体で落葉の間を巧みに行き来する 6月 石垣島（S）

繁殖期は３～７月で、４～11個を産卵すると考えられている。

**類似種との識別** ヘリグロヒメトカゲとは頭部のうろこに明瞭な違いがある。四肢はツシマスベトカゲよりも細長く、本種の第４指の指下板数は14～16である。

# ツシマスベトカゲ

**学名** *Scincella vandenburghi* **漢字名** 対馬滑蜥蜴
**英名** Tsushima smooth skink

すべすべした体で石垣や落葉の間を進むツシマスベトカゲ　5月　対馬（S）

**大きさ**　全長80～100mm　頭胴長40～50mm

**分布・生息環境**　対馬に分布。これまで対馬の固有種と考えられていたが、最近の調査で朝鮮半島にも本種が分布することがわかった。平地から山地に幅広くすみ、石や倒木の下、石垣付近で見られる。また人家の庭先で日光浴している姿を見かけることもある。

**特徴**　名前の通り体がすべすべしており、石垣の間を滑るように動く小型でスマートなトカゲで、四肢が短い。体色は、鈍い光沢をもつ暗褐色の基色で、ところどころに斑点が散らばり、体側には黒褐色の縦条が走る。尾は全長の半分より少し長く、頭部は小さく吻部は先が細くなっている。下まぶたの一部が透明なうろこの窓となっており、まぶたを閉じても外を見ることができる。左右の前額板は中央で接している。昆虫やクモなどを食べる。

岩の上で日光浴する　5月　対馬（S）

5～6月が産卵期で、1～9個の卵を産むが、親が卵を保護することはない。

**類似種との識別**　よく似ているサキシマスベトカゲの第4指の指下板が14～16枚なのに対して、本種は11～13枚。他種に比べて胴や尾が細い。　〔情報不足（DD）〕

# オガサワラトカゲ

**学名** *Cryptoblepharus boutonii nigropunctatus* **漢字名** 小笠原蜥蜴
**英名** Ogasawara snake-eyed skink

オガサワラトカゲの成体。意外と立体的に行動し、木にもよく登る　8月　母島（U）

全長50mmほどの幼体　8月　母島（U）

長径7mmほどのオガサワラトカゲの卵　8月（U）

**大きさ**　全長120～130mm　頭胴長45～58mm

**分布・生息環境**　小笠原諸島と鳥島、南鳥島、南硫黄島に分布する。林床の落葉の下や藪、倒木の上でよく見られる。動きは敏捷で、木にもよく登る。

**特徴**　体は細長く、尾は全長の3／5程度。吻端も先細る。金属光沢がある褐色の基色に、黒褐色～赤褐色の斑点が散在する。側面には黒褐色の縦条が見られ、尾の下面と下唇には黒褐色の斑点がある。

英名のsnake-eyeは「蛇の眼」を意味する。上下のまぶたは動かないが、下まぶたが１枚の透明なうろことなって眼をおおい、ヘビやヤモリと同じ構造をしていることからきている。この透明なうろこを通してものを見ることができる。

産卵生態など詳しいことはほとんどわかっていないが、近縁種では２卵を産むことが知られている。〔準絶滅危惧（NT）〕

パパイヤの木の上で日光浴するオガサワラトカゲ　3月　父島（M）

# Topics　トカゲの日光浴

冷血動物といわれ、つねに低体温だと思われている爬虫類だが、じつは彼らも活動時には30～35度の体温を維持し、体温調節もこまめにしていることがわかっている。

爬虫類は体温維持のエネルギーを、哺乳類や鳥類のように食物を燃焼して体内で生産するのではなく外部から取り入れている。トカゲがしばしば石垣や岩場で日光浴をしているのは、日光そのものと太陽熱で温まった石の熱を利用して、体温を上げるためである。体温が高くなれば活発な行動が可能となり、獲物を捕らえたり、危険から素速く逃れることが容易になる。したがって日向で日光浴をして体温を上げてから、薄暗い林の中で餌を捕獲し、体温が下がらないうちにまた日光浴に戻るというのが、彼らの体温調節の戦略である。日光浴をしているトカゲは、文字通り充電中なのである。

バーバートカゲ（M）

ミヤコトカゲ（S）

# コモチカナヘビ

**学名** *Lacerta vivipara* **漢字名** 子持金蛇
**英名** Viviparous lizard

コモチカナヘビの成体。その名前の通り胎生で、子どもを産む　7月　北海道産（S）

**大きさ**　全長140～180mm　頭胴長55～75mm

**分布・生息環境**　北海道のサロベツ原野周辺から稚内、猿払原野周辺に分布。国外ではサハリンおよび沿海州からヨーロッパにかけてのユーラシア大陸北部、イギリスに分布する。世界で最も北に、最も広範囲に分布するトカゲで、北極圏にまで進出している。日本にはサハリン方面を経由して侵入してきたと思われ、1961年に北海道で発見されている。湿原内の草落葉で出会うことができる。

**特徴**　体形がずんぐりしており、外見上はトカゲに近い。茶褐色の基色に黒っぽい斑紋や縞模様が入る個体も多い。雌は雄に比べるとやや明るい体色。腹面は雄ではオレンジ色が強いが、雌は薄い黄色。咽喉板（顎下ののどの左右に並ぶ大型鱗）は5対。鼠径孔（後肢の付け根の総排出口の前方、左右の内股にあるうろこの小孔）は10対ほど。地表を徘徊していることが多く、天気のよい日は道端の倒木や石の上で数匹が日光浴をしている。

極東シベリアで見つけた個体　8月（U）

胎生で、春に排卵、受精した卵は雌の輸卵管内にとどまり発生が進む。夏になると湿った地面や木の根元にくぼみを作って、1度に5～8匹の子どもを産む。一般にトカゲ類は卵を土の中に埋めて地温を利用するが、寒冷地ではそれが困難なため胎生になったと考えられる。海外では卵を産むことも知られている。子どもはすぐに自立して生活できるようになる。

**類似種との識別**　胴のうろこのつやで、他のカナヘビ類とは容易に区別できる。

〔絶滅危惧Ⅱ類（VU）〕

# アムールカナヘビ

**学名** *Takydromus amurensis* **漢字名** アムール金蛇
**英名** Amur grass lizard

川沿いの倒木や岩の上で日光浴することが多いアムールカナヘビ 5月 対馬 (S)

**大きさ** 全長220～260mm 頭胴長60～80mm

**分布・生息環境** 対馬に分布する。国外では朝鮮半島から中国東北部、沿海州南部に分布。山地や丘陵地の川沿いの草むらやガレ場など荒れ地に多く、臆病で危険を感じると、他のカナヘビ類のように草をつたって逃げるのではなく、石の隙間や地面の穴に逃げ込む。スピードはかなり速い。対馬に本種が生息することが確認されたのは1960年代のことである。

**特徴** 雌雄同色で、焦茶色の基色、側面に濃い焦茶色の帯が走る。この帯は尾部付近で逆三角斑が並んだようになる。腹面は灰白色で少し青みを帯びている。咽喉板は4対。鼠径孔は3～4対だが4対の個体が多い。同じ親から生まれた子どもでも4対と3対のものがいたり、左右で異なるものがいたりする。大陸のものは3対である。

繁殖期は4～8月初旬で、3～8卵(多くは4卵)を年2～3回産卵する。穴を掘って卵を完全に土中に埋めるが、親が守ることはない。孵化幼体は70mm。対馬での天敵は、トカゲ類を捕食するヘビのアカマダラである。

危険を感じると岩の隙間や穴に逃げ込む 5月 対馬 (S)

**類似種との識別** ニホンカナヘビによく似るが、本種は胴が太くややずんぐりして、唇のところに黒い点がある。対馬にはニホンカナヘビが分布しない。

〔準絶滅危惧 (NT)〕

# ニホンカナヘビ

**学名** *Takydromus tachydromoides* **漢字名** 日本金蛇
**英名** Japanese grass lizard

草原で日光浴するニホンカナヘビ 8月 長野県（M）

**大きさ** 全長160～270mm 頭胴長50～70mm

**分布・生息環境** 北海道、本州、四国、九州およびその属島と、屋久島、種子島、中之島、諏訪之瀬島などに分布する日本固有種。平地から低山地の藪や草地、庭先などにすむ。

**特徴** 全長の2/3を占める長い尾と、かさついた感じのうろこが特徴。褐色の基色で、腹面は灰色から黄色みを帯びた白色。側面には細い白線と太い黒褐色線が走る。幼体は体側の褐色線が不明瞭で、尾は黒っぽい。体形は寒冷地ほど太短い。北海道の個体では尾が頭胴長の半分より少し長い程度であるのに対して、屋久島では3倍もある。また温暖な地域のものは口先が尖っている。尾の付け根から先端までのうろこの数が、伊豆半島を境にして東側で少なく、西側で多い。咽喉板は4対で鼠径孔は2対。

繁殖期は3～9月。交尾は春先からはじまる。雄は交尾の途中に雌の腹部を噛むため、交尾後の雌にはV字型の噛み跡が多数見られる。雌は芝生や草の根元の土中に1度に2～6個の鶏卵型の卵を年1～6回産卵する。雌が卵の世話をするということはなく産みっぱなしで、約2か月で孵化する。孵化幼体は70mmほど。1年で成熟する。

主に昆虫やクモを食べる。天敵はヘビや鳥類、イタチなどである。夜は草の上や落葉の下で休む。寿命はおよそ7年。

カナヘビの名は、ヘビのように細長いが、可愛いので愛蛇（かなへび）と呼ばれるようにな

コオロギを捕食するニホンカナヘビ。主食は昆虫類である　10月　滋賀県（S）

飼育下では石の下に入り産卵した　6月（U）

約2か月で孵化する　7月　三重県産（S）

ったということから。

**類似種との識別**　ニホントカゲと混同されやすいが、ニホントカゲが光沢のあるうろこと幼時の青い尾が特徴であるのに対して、本種は隆起のあるかさついたうろこでおおわれ、体背面から尾にかけては地味な褐色か灰褐色をしていることで容易に区別がつく。

孵化直後の幼体　8月　神奈川県（U）

のどから腹部にかけて鮮やかな黄色の個体　7月　屋久島（U）

道路脇の石垣で日光浴するニホンカナヘビ　5月　神津島（M）

冬眠するニホンカナヘビ。尾は頭の上に巻いていることが多い　2月　滋賀県（S）

脱皮した皮　6月（U）

# ミヤコカナヘビ

**学名** *Takydromus toyamai* **漢字名** 宮古金蛇
**英名** Miyako grass lizard

ミヤコカナヘビの成体。朝、日光を浴びて体温を上げようとしている　9月　宮古島（M）

**大きさ**　全長160～220mm　頭胴長45～60mm

**分布・生息環境**　宮古諸島の宮古島、伊良部島、下地島に分布する日本固有種。平地から低山までに生息し、藪や草地、耕作地でよく見られ、非常にすばしこい。

**特徴**　アオカナヘビと体色などが異なる点で1996年に記載されたもの。雌雄同色。明るい緑色の基色で、四肢の先端が褐色がかった茶色をしている。アオカナヘビやサキシマカナヘビではこのように先端が色づかない。咽喉板は3対。鼠径孔は1対。

繁殖期は3～8月で、年に数回産卵すると思われる。1度に2卵産むことが知られているが、詳しいことは不明。宮古島では「クースファイヤー」と呼ばれており、これは「唐辛子を食べるもの」という意味である。実際はそのようなものは食べておらず、バッタやクモなどを食べる。草地や耕作地の整備にともない草木がたびたび伐採されることで、本種の生息環境が狭められている。

幼体は四肢の先端や尾部の茶色みが強い　9月（S）

**類似種との識別**　アオカナヘビの腹板（腹面のうろこ）が6列に対して、本種は8列。また体色が雌雄とも黄緑色で、頭と胴の白線を欠くことで区別できる。

〔絶滅危惧ⅠB類（EN）〕

# アオカナヘビ

**学名** *Takydromus smaragdinus*　**漢字名** 青金蛇
**英名** Green grass lizard

草の上で日光浴をするアオカナヘビ　7月　沖縄島（M）

クモを捕食するアオカナヘビ　5月　沖縄島（M）

草の色にまぎれやすい体色だ　10月　沖縄島（U）

**大きさ**　全長200～280mm　頭胴長50～65mm

**分布・生息環境**　吐噶喇列島の宝島と小宝島、奄美大島、喜界島、徳之島、沖縄諸島、久米島などに分布する日本固有種。庭先、草地、サトウキビ畑から森林までの草や葉の上でよく見かける。

**特徴**　鼻先が長く、雄は緑色から茶色の基色で、側面に褐色の帯が入る。雌は黄緑色の基色で、帯は見られない。雌雄とも側面に白線が走る個体が多いが、白線が雄にだけ見られるなど地域変異がある。雄の腹面は白みがかった黄色だが、雌は白色。幼体は赤茶色である。咽喉板は3対。鼠径孔は1対。全長の2/3を占める長い尾を草に引っ掛け、地面に落ちないようにうまく固定しながら移動する。

繁殖期は3～8月。雄は盛んに雌を追いかけ、追いつくと背後から乗りかかって雌の頸付近に噛み付き、雌の尾の下に自分の尾を入れ、巻き付けて交尾する。年に数回、1度に2個ほど産卵する。主に昆虫を食べる。同じ草の上で何匹も日光浴をしているのをよく見かける。

〔沖永良部島、徳之島での絶滅のおそれのある地域個体群（LP）〕

# サキシマカナヘビ

**学名** *Takydromus dorsalis* **漢字名** 先島金蛇
**英名** Sakishima grass lizard

サキシマカナヘビの成体。近くにきた虫を素速く捕らえた　9月　西表島（M）

**大きさ**　全長250～320mm　頭胴長60～70mm

**分布・生息環境**　八重山諸島の西表島、石垣島、黒島に分布する日本固有種。森林内でよく見かけるが、葉の上に静止していると保護色になって非常に見つけにくい。幼体は低い草の上などにいるが、成体は低木から比較的高い木の樹冠を行動圏とし、枝をつたって生活する。

**特徴**　日本のカナヘビ類では最大級のもの。雌雄同色で、鮮やかな黄緑色から青緑色の地色。吻端から眼の後方にかけて黒い線が走る。腹面は白みがかった黄色。生息地にある草の色とほぼ同じで見つけにくい。林道で、目線の高さでかさかさという音が聞こえたら本種であろう。ただしサキシマキノボリトカゲも同様な場所にいることがある。咽喉板は4対。鼠径孔は2～3対。雌雄の区別は、尾の基部の腹面を押してみて、肛門から雄の交接器が出るかどうかですぐにわかる。

　繁殖期間についてはあまり知られていないが、春から夏にかけて数回行われ、1度に1～3個産卵すると考えられている。

日光浴をするサキシマカナヘビ　4月　西表島（M）

　これまでカナヘビ属とは別属のサキシマカナヘビ属*Apeltonotus*とする扱いが一般的であったが、近年の研究からカナヘビ属に含めることになった。

**類似種との識別**　似たような種は同所的にいないが、アオカナヘビとは、胴部背面のうろこが大型で列にならず、小さく丸みを帯びていることで区別できる。

〔絶滅危惧Ⅱ類（VU）〕

# 外国産トカゲ科・カナヘビ科

**ミドリカナヘビ**
*Lacerta viridis*
コモチカナヘビ属
分布：一部を除きヨーロッパ全域、ロシア、イラン
全長：30〜40cm
藪などを生活場所とする地上性種で、雄はのどが青色である。(U)

**ホウセキカナヘビ** *Timon lepidus*（ホウセキカナヘビ属）
分布：南仏、イベリア半島など
全長：36〜60cm　やや乾燥した荒れ地などに生息する。地上性だが木や岩にもよく登る。(U)

**ヒロズトカゲ** *Plestiodon laticeps*　トカゲ属
分布：北米南西部（フロリダ半島を除く）
全長：17〜32cm　森林の林床に生息する。倒木などの下を隠れがにする。(U)

## Topics トカゲの尾切り

子どもの頃、ニホントカゲなどを捕らえようとして、うっかり尾を押さえてしまい取れてしまった経験は誰もがあることだろう。これは「自切」と呼ばれるもので、外敵から襲われた場合の最終手段として、物理的刺激に対して尾を落として逃げる方法である。

尾を形成している尾椎骨の関節はどの部分からもポロリと取れる仕組みになっており、同時に残った側の筋肉組織が収縮して血を止めるため、思ったよりも血は流れない。切れた尾は激しく動き外敵の注意を集め、その隙に本体は逃げることができる。尾は切れたあと、再生する。

ニホントカゲの尾切り（U）

自切した尾の断面（U）

# ブラーミニメクラヘビ

**学名** *Ramphotyphlops braminus* **漢字名** ブラーミニ盲蛇
**英名** Brahminy blind snake

非常に小さな眼である 9月 宮古島（S）

尾の先端は尖っている 9月 宮古島（S）

畑で見たメクラヘビ。ミミズと見間違いやすい 5月 徳之島（M）

**大きさ** 全長16～22cm

**分布・生息環境** 国内では吐噶喇列島以南の南西諸島と八丈島、小笠原諸島の一部などに分布する。国外では東南アジア、オセアニア、アフリカ、中米、太平洋の諸島など世界中の熱帯・亜熱帯地域に分布している。

**特徴** ミミズのような外見をしているが、体表はうろこでおおわれる。眼は非常に小さいが確認できる。尾は先端にいくにしたがって急に細くなり、その端は尖る。体色は暗褐色。比較的乾燥した場所に見られ、倒木の下などに多い。本種を探すには、道路脇の落葉のたまったコンクリート側溝の中などを注意して見るといい。アリの幼虫や蛹、シロアリなどを食べる。

本種は全ての個体が雌という単為生殖によって繁殖する。したがって、たった１匹の個体で容易に繁殖ができるわけである。さらに人為的な要因（たとえば鉢植え植物の土に混ざっていたりする）もあって、今日の分布拡大があるといえる。しかも核型は３倍体で、ヘビ類では唯一のものである。

産卵期は南西諸島では６月中旬～７月中旬で、１～２cmほどの細長い卵を１～６個産む。40～55日ほどで６cmほどの子ヘビが誕生する。生まれてきた子ヘビは、遺伝的には親兄弟全てのコピーで、クローンということができる。単為生殖種は１匹でも増えていくので、繁殖および分布拡大に有利といえるが、遺伝的な変異がほとんどないか、あっても小さいために、異なる環境に適応しにくいことが示唆される。

**類似種との識別** 外見はミミズと見間違いやすいが、動き出すとミミズのような蠕動運動ではなく、体をくねらすので容易に区別できる。

# イワサキセダカヘビ

**学名** *Pareas iwasakii*　**漢字名** 岩崎背高蛇
**英名** Iwasaki's slug snake

樹上を移動するイワサキセダカヘビ。動きがゆっくりでおとなしい　6月　石垣島（M）

**大きさ**　全長50～70cm
**分布・生息環境**　石垣島と西表島に分布する。主に樹上で活動している。
**特徴**　頭と眼は大きく、瞳孔は縦長の楕円形をなす。胴体は側扁し、背の中央に弱い隆起をもつ。体色は赤茶色または茶褐色で、細かなバンドが入る。夜行性でカタツムリを専食している。上顎先端には歯がなく、下顎の歯は長い。これはカタツムリの軟体部をくわえ、上顎で殻口を押さえて下顎を動かし、軟体部を引っ張り出して食べるのに適している。つまり殻を壊すことなく中身だけを抜き出して食べるのである。同じようにカタツムリを専食する同類が東南アジアや台湾にもいる。また中米にもカタツムリのみを食べる種類がいるので、栄養的にカタツムリの軟体部だけで十分なのであろう。

カタツムリだけを食べている　7月　西表島（S）

和名は、石垣島測候所の初代所長で、八重山地方についての研究者であった岩崎卓爾氏が発見したことにちなむ。目撃例、採集例ともに少ない。

〔準絶滅危惧（NT）〕

# Topics DORが警告すること

餌を求めたり、繁殖場所に向かったりするとき、両生類や爬虫類は道路を横切る機会も多い。また春先や秋の朝方などは、アスファルト上で体温を温めていることもある。そうした場合に、道路で車に轢かれる事故にあうものが少なくない。これらの事故死体を「Dead on the Road」、略してDORと呼んでいる。

シカやタヌキなどと異なり、両生類や爬虫類は小型であるため、車で轢いてもほとんど気がつかない。詳しい数は不明だが、車の数が増え、山奥まで道路が建設されている現在、年間では相当数が轢かれて死亡していることだろう。

いっぽう、皮肉にもその地域周辺に生息する種類を知りたい場合、道路上のDORを探せば、ある程度推測できるという指標にもなっている。

ニホントカゲ　5月　和歌山県（U）

サキシママダラ　12月　西表島（M）

クサガメ　7月　滋賀県（S）

リュウキュウヤマガメ　5月　沖縄島（M）

ヤマアカガエル　2月　千葉県（M）

ヤエヤマアオガエル　1月　西表島（M）

# タカチホヘビ

**学名** *Achalinus spinalis* **漢字名** 高千穂蛇
**英名** Japanese odd-scaled snake

石の下に隠れていたタカチホヘビの若い個体　4月　神奈川県（M）

普段は落葉の下でミミズを食べる　9月　滋賀県（S）

生まれたばかりの全身が黒っぽい幼蛇　9月　滋賀県（S）

**大きさ**　全長30～60cm

**分布・生息環境**　本州、四国、九州とその周辺島嶼。国外では中国大陸に分布するが、同種かどうか疑わしい。平地から山地まで見られる。地中性かつ夜行性であることから珍しいとされるが、実際の個体数はそれほど少なくない。倒木の下や石の下で見つかることが多く、夜間は地表を這っているのが目撃される。特に雨が降った後などは目にする機会が増える。郊外では庭などに出没することも少なくない。

**特徴**　頭部は細長く、頸部にはくびれがほとんどない。眼は小さくうろこに埋もれるように存在する。体鱗はビーズのように丸く立体的に盛り上がり、つやつやと光沢がある。各うろこは重なることなく、皮膚が露出している。そのため乾燥にはきわめて弱い。子ヘビは全身が黒っぽい。成熟すると体色は褐色から紫がかった褐色になるが、大型の雌個体で黄色みの非常に強い個体が現れることもある。いずれも背中線上の黒いラインがはっきりと尾端まで入る。

上顎は下顎にかぶさるようになっていて、地中を這うのに適していると思われる。ミミズを主に食べている。性質はおとなしく咬むことはあまりない。

和名は昆虫学者で英彦山修験の座主でもあった高千穂宣麿男爵に由来。

# アマミタカチホヘビ

**学名** *Achalinus werneri* **漢字名** 奄美高千穂蛇
**英名** Amami odd-scaled snake

湿った森林などにいるアマミタカチホヘビ。個体数は多いとはいえず、なかなか出会えない　7月　奄美大島（U）

頸部のうろこに隆起があるのが特徴　7月　奄美大島（U）

アマミタカチホヘビ(上）は尾が全長の1／4と長い。（下）はタカチホヘビ。また尾の腹面中央に黒い条線をもたないことでも区別できる（U）

**大きさ**　全長20～55cm

**分布・生息環境**　奄美大島、枝手久島、徳之島、沖縄島、渡嘉敷島に分布する。森林ばかりでなく市街地でも見つかるが、多くは湿った森林や山地などに生息している。夜間にイシカワガエルの生息する奥深い谷川の崖の割れ目などでも観察された。また、昼間でも薄暗い山地で、大きなシュロのような倒木の下でも見かけた。個体数は少ない。

**特徴**　体色はタカチホヘビよりも特に腹面が黄色く鮮やかである。タカチホヘビに見られる黄色みの強い個体は、本種では知られていない。夜行性でミミズを食べる。本種の生息する場所はハブも多く見られるので、観察には注意したい。

**類似種との識別**　タカチホヘビにきわめてよく似ているが、本種は尾が大変長く、尾の腹面の真ん中に黒い条線がない。また本種は頸部のうろこに隆起があるが、タカチホヘビにはそれがない。

〔準絶滅危惧（NT）〕

# ヤエヤマタカチホヘビ

**学名** *Achalinus formosanus chigirai* **漢字名** 八重山高千穂蛇
**英名** Yaeyama odd-scaled snake

ヤエヤマタカチホヘビの成体。本州などに分布するタカチホヘビ同様、ミミズを主に食べる　石垣島（Sa）

見かけるのは非常にまれである　石垣島（Sa）

ヤエヤマタカチホヘビの頭部　石垣島（Sa）

**大きさ**　全長37～45cm
**分布・生息環境**　石垣島、西表島に分布。
**特徴**　基亜種であるタイワンタカチホヘビ *A. f. formosanus* とは、尾下板数が多いことにより区別ができる。またタカチホヘビやアマミタカチホヘビとは体鱗列数が多いことで区別される。タカチホヘビの体鱗列数は23列、アマミタカチホヘビでは23列で、まれに21列のものがいるが、本亜種は25～27列である。同属の他種と同様、湿った森林中に生息し、ミミズ類を食べる。個体数は決して多いとはいえず、見かけるのはまれである。

〔準絶滅危惧（NT）〕

# シマヘビ

**学名** *Elaphe quadrivirgata* **漢字名** 縞蛇
**英名** Japanese four-lined snake

草の上で休むシマヘビの成体　9月　群馬県（M）

**大きさ**　全長80～150cm

**分布・生息環境**　北海道、本州、四国、九州のほか伊豆諸島、大隅諸島、佐渡島、隠岐島、国後島などに分布。開けた平地から山地、水田、山道、草原、畑、民家までさまざまな場所で普通に目にする。

**特徴**　アオダイショウと並び各地で最も普通に見られるヘビ。日の当たる石垣や草原、道路脇などでは特に目にする機会が多い。伊豆諸島の祇苗島では最大で200cmを超える大型個体が見られる。一般に雄のほうが雌よりもかなり大きい。頸部から４本の黒褐色の縦条が入るが、外側の２本は総排出口までで、尾部には２本しかない。なかにはこの縦条が薄いものやほとんど見られない個体もある。瞳は楕円形で虹彩は赤い個体が多い。

全身が真っ黒の黒化型も見られる。それらはカラスヘビと呼ばれることもあるが、この名は西日本ではヤマカガシの地方名にも使われている。黒化型の色彩はさまざまで、下顎や腹面の一部が白かったり、薄く縦条が見えるものもいる。また、黒化型からは全て黒い個体が生まれるわけではなく、同じ個体から普通色と一緒に出ることもある。もちろん、黒化型と普通色のものは交配する。

茶褐色のシマヘビの幼蛇　3月　埼玉県（M）

シマヘビは各地で最も目にする機会の多いヘビである。動きが敏捷でよく咬み付く　9月　東京都（U）

脱皮前のシマヘビ。眼が白濁している　6月　埼玉県（M）

まだ若い個体には頭部に模様が入る　7月　屋久島（U）

気性は荒く、敏捷でよく咬み付く。シマヘビを捕らえ、尾を摑んでぶら下げる人がいるが、敏捷な若い個体は簡単に頭を上げて咬み付いてくる。相手を威嚇するときは頭部をふくらませ、尾を震わせる行動をとる。捕まえると総排出口から大変臭い匂いを放つ。飼育個体はこの匂いを出さなくなる。

活動の場は主に地表で、昼間にカエルをはじめトカゲ、ネズミ、ヘビなどさまざまな動物を捕らえて食べる。4～6月に交尾する。繁殖期には雄同士のコンバットが観察されることもある。コンバットはときに縄をなうような形になる。

7～8月に4～16個の卵を産む。生まれたての幼蛇は赤茶色をしており、縦条ではなく横帯が入る。

**類似種との識別**　幼蛇は縦条とならないため、別種のヘビと間違えられることもある。ただし、本種は幼蛇・成蛇ともに虹彩が赤く、瞳が楕円形であるので区別できるだろう。

モリアオガエルを呑むシマヘビ。カエルの繁殖期を狙って多くのヘビが集まってくる　6月　栃木県（M）

縄をなうような雄同士のコンバット　6月　群馬県（U）

頭部を三角形にふくらませて威嚇する　10月和歌山県（U）

水辺にもよく現れ、泳ぎも巧みである　6月　群馬県（U）

水田の畔で日光浴をするシマヘビの黒化型　5月　熊本県（M）

冬眠中もヘビの眼は閉じることはない　2月　滋賀県（S）

軒下にいるシマヘビ　5月　和歌山県（U）

黒化型の幼蛇　11月　滋賀県（S）

トノサマガエルを呑むシマヘビ。カエルは大声を上げる　10月　滋賀県（S）

ヤマカガシの幼蛇を呑むシマヘビの幼蛇。シマヘビは他のヘビを食べることも少なくない　9月　滋賀県（S）

# ジムグリ

**学名** *Elaphe conspicillata* **漢字名** 地潜
**英名** Burrowing ratsnake

ネズミなどを追跡しながら穴を移動するなど、地中によく潜るためジムグリの名がある　10月　栃木県（U）

**大きさ**　全長70～100cm

**分布・生息環境**　北海道、本州、四国、九州のほか国後島、壱岐島、隠岐島、伊豆大島、屋久島、種子島などに分布。山地であれば耕作地や、やや開けた場所にも見られるが、主に森林に生息する。

**特徴**　成蛇では頸部のくびれがほとんど目立たなくなり、胴体と頭はほぼ同じ太さに見える。背面は赤茶色の地に黒褐色の斑点が散在するが、なかには非常に少ないものもいる。全く斑点が見られない無斑紋型のものをアカジムグリと呼ぶこともあるが、成蛇ではそれほど赤みは強くはない。腹面には黒い角張った市松模様が見られるが、東日本ではそうならない個体もよくいる。西日本のほうが全体的に大きな斑紋になり、特に幼蛇では背中の中央に黒い横紋が並ぶ。またアカジムグリではそれは全く見られない。幼蛇の体色は成蛇よりも鮮やかなことが多く、地色も赤みが強く、黒い斑点が占める面積も大きい。上顎は下顎にかぶさるようにあり、地中の穴に潜りやすく適応している。和名は地面によく潜る習性から付けられたもの。

ジムグリの腹面にある黒い市松模様。ただし全てに見られるものではない　10月　栃木県（U）

主にネズミなどを追跡しながら地中の穴を移動しているようで、もっぱら小型

森林に多く見られ、暑い夏には不活発となり姿を現さなくなる　9月　滋賀県（S）

ジムグリの幼蛇。霜の降りた日、地熱の高い温泉地で見かけた　10月　北海道（U）

初春、冬眠から覚めたばかりで動きが鈍いジムグリの成蛇　4月　和歌山県（U）

ジムグリの孵化。生まれたての幼蛇は成蛇よりも赤みが強く黒斑が多い　8月　滋賀県（S）

無斑紋型の個体。このようなものをアカジムグリと呼ぶことがある　5月　長野県（U）

の哺乳類を捕食する。

森林性で地中に潜ることからも、やや低温を好む傾向にあることが窺われる。夏の高温には特に弱く、不活発になり姿を現さなくなる。

捕らえようとすると尾を激しく震わせ、咬み付くしぐさを見せる個体もいるが、性質は比較的温和といえる。ただし掴むと、アオダイショウやシマヘビと同様、総排出口から独特な匂いを放つ。

# サキシマスジオ

**学名** *Elaphe taeniura schmackeri* **漢字名** 先島筋尾
**英名** Sakishima beauty snake

2m近くあるサキシマスジオ。名の通り尾に筋が走る　5月　西表島（S）

**大きさ**　全長160～220cm

**分布・生息環境**　宮古島、大神島、池間島、伊良部島、下地島、来間島、多良間島、石垣島、西表島、小浜島に分布する。主に山地に生息しているが、平地にも見られる。

**特徴**　東南アジアに広く分布するスジオナメラの１亜種。体色は黄褐色で、背面は黒褐色の不規則な斑紋があり、尾部にいくにしたがって角張った黒斑となる。尾部では黒斑が１本の条となり尾端まで続く。頭部では眼の後方に黒褐色の帯が入り、本種の特徴となっている。別亜種タイワンスジオよりも吻が長く細長い。

頸部が細く尾が長いという体形だが、その細長い体を巧みに使い、上手に木登りをする。

昼間、路上に現れることが多い　5月　西表島（S）

動きは素速い。主に鳥類や小型の哺乳類を捕食する。生息地では最も大きなヘビであり、最大では250cmに達するといわれる。

〔絶滅危惧Ⅱ類（VU）〕

# タイワンスジオ

**学名** *Elaphe taeniura friesei* **漢字名** 台湾筋尾
**英名** Taiwan beauty snake

タイワンスジオの成蛇。スジオナメラの亜種で、この仲間の中では色彩や斑紋が最も明瞭である　飼育個体（U）

**大きさ**　全長：平均220cm、最大270cm

**分布・生息環境**　原産地は台湾。沖縄島に帰化して生息するが、まだ島全体に広がっているわけではなく中部に限られている。森林から平地の民家付近まで幅広く生息する。

**特徴**　東南アジアに広く生息するスジオナメラの仲間は7亜種ほどに分けられ、基亜種は中国大陸に分布するタイリクスジオ*E. t. taeniura*である。本種はその1亜種だが、亜種のなかでは色彩が最も明瞭で、斑紋もはっきりとしている。眼の後ろに入る黒い条も明瞭である。頸部には4列の角張った黒斑があり、後方へいくにしたがって大きく広がる。尾部には明瞭な黒い条が尾端まで入る。

タイワンスジオの幼蛇　10月　飼育個体（S）

台湾では食用にされ、また皮はさまざまな製品に利用される。哺乳類や鳥類を食べるが、沖縄島ではハブと競合を生じると考えられており、今後の分布などに注目したい。

# シュウダ

**学名** *Elaphe carinata carinata*　**漢字名** 臭蛇
**英名** Chinese keeled ratsnake

シュウダの幼蛇。このヘビは大型になり気性も荒い　飼育個体（U）

**大きさ**　全長150～260cm

**分布・生息環境**　尖閣諸島の魚釣島、南小島、北小島に分布。国外では中国、台湾、ベトナム北部などに生息する。

**特徴**　背面は黄褐色またはオリーブ褐色で、頭に近い部分では白っぽい斑紋が不規則に散らばる。体の後方では白い部分がなくなり、一様に黒褐色となる。体鱗列数が基本的に23枚（まれに21枚）で、瞳孔は縦に長い楕円形をなす。また英名の通りうろこにはキール（隆起）があり、そのため表面がざらついた感じになる。幼蛇は地の色が明るく淡い褐色で、背面に４本の縦条が細く入り、胴部の前半部には細い横帯が入る。その色彩は成蛇とはかなり異なった印象のものとなる。

性質は荒く、攻撃的なヘビである。体の前半をふくらませ、「シューッ」というスプレー缶の噴気音のような音を発して威嚇し、咬み付く。それでも相手がひるまないときは、総排出口に開口する臭腺から悪臭を放つ。そのため「臭蛇」の名がある。これは衣類などに付着するとなかなか消えず、いつまでも鼻につくようである。

2m近いシュウダの成蛇。悪臭を放って攻撃するので「臭蛇」の名がある　10月　飼育個体（S）

尖閣諸島では鳥や鳥の卵、トカゲ、ネズミなどを食べているが、中国ではもっぱら「ヘビ食い」とされている。

〔絶滅危惧ⅠB類（EN）〕

# ヨナグニシュウダ

**学名** *Elaphe carinata yonaguniensis* **漢字名** 与那国臭蛇
**英名** Yonaguni keeled ratsnake

150cmを超えるヨナグニシュウダの成蛇。成蛇と幼蛇では色彩がかなり異なる　6月　与那国島（U）

**大きさ**　全長160～200cm

**分布・生息環境**　与那国島にのみ分布。低地から山地にかけて広範囲に生息。

**特徴**　背面の色彩は基亜種シュウダよりも淡いが、台湾の個体と酷似している。このため与那国島と台湾の個体群をまとめてヨナグニシュウダとする意見もあるようだ。うろこには明瞭なキール（隆起）がある。キシノウエトカゲやネズミ、小鳥などを食べる。木にも登るようで、昼間、ヤシ類の大きな葉をつたって移動中に地面に落ちてきたのを目撃した。基亜種と同じように、興奮すると体の前半部をふくらませS字状に身構えるポーズをとる。同時に「シューッ」という噴気音を発して相手を脅かす。また悪臭を放つ行動も同じように行う。

**類似種との識別**　体鱗列数が多く、25枚であることが基亜種との区別点。また基亜種よりやや小さい。〔絶滅危惧ⅠB類（EN）〕

草原に現れた若い個体　5月　与那国島（M）

ヨナグニシュウダの頭部　5月　与那国島（M）

# アオダイショウ

**学名** *Elaphe climacophora* **漢字名** 青大将
**英名** Japanese ratsnake

アオダイショウの成蛇。人里に近い環境に多く見られる　8月　和歌山県（U）

**大きさ**　全長110〜200cm

**分布・生息環境**　北海道、本州、四国、九州のほか国後島、奥尻島、佐渡島、伊豆大島、新島、式根島、神津島、隠岐島、対馬、壱岐島、薩南諸島などに分布している。

**特徴**　背面はオリーブがかった褐色で青みがあり、不鮮明な4本の暗色縦条がある。一般的には全身が青っぽく見えることからその名があるが、全身が茶褐色のものも見つかる。幼蛇は灰色やクリーム色の地に褐色のはしご型横斑が並ぶが、滋賀県付近では生まれつき縦縞の個体が見つかることもある。捕らえようとすると首を持ち上げて威嚇し、掴むと咬み付き、総排出口から青臭い悪臭を放つ。

山地の森林から平野部の人家まで、さまざまな環境にすむ。特にわが国では、古くから最も身近な動物の1つであった。成蛇は主にネズミを食べるので、倉庫や民家の有益動物として、さらに「家の主」として大切に扱われてきた。

地上よりも樹上で見つかることが多く、鳥や鳥の卵も好むようである。鳥の卵などは、呑みはじめは卵が転がるので地面に押し付けるようにし、それでも安定しない場合は胴体を引き寄せて卵を中心にとぐろを巻いてから呑み込んでいく。卵は、呑んでいく途中で食道に出っ張っている脊椎骨の下突起で割って食べる。幼蛇は食性が広く、カエルやトカゲなども食べ、水田などで見かけることも多い。

身近であることから目撃例が多いが、

クリーム色地に褐色の模様の幼蛇。模様、頭の形よりマムシの幼蛇と間違われることが多い　9月　滋賀県（S）

樹上で見かけることも多く、アオダイショウは木登りが非常にうまい　4月　和歌山県（U）

アオダイショウの幼蛇の横顔　9月　滋賀県（S）

薄い青色がかった美しい色の頭部（U）

その多くが大蛇としての扱いである。しかしながら、実際に捕らえて測ってみると2mを超えるような個体には滅多にお目にかかれない。

5～6月に交尾をし、7～8月に4～17個の卵を産む。生まれ出たばかりの子ヘビは全長35～40cm。

人間の生活に密接に関わってきたアオダイショウであるが、それを裏付けるものとして山口県岩国市の「シロヘビ」があげられる。これはアオダイショウの白化個体、すなわちアルビノで色素をもっていない。眼は赤色で、体鱗が互いに重ならずに地肌が露出するなどの特徴を合わせもつ。本来ならば、このような個体は自然界で目立つので淘汰されやすいのだが、おそらく普通のアオダイショウの場合は殺してもシロヘビは殺さないといった人間による淘汰も加わり、代々受け継がれてきたものであろう。この個体群は初めて発見されてから現在まで250年以上維持されてきており、1924年には生息地が国の天然記念物に指定されている。ただ、この地域にのみシロヘビが多く出現した理由については不明な点が多く残される。

**類似種との識別**　幼蛇では親のそれと異なり、はしご型横斑が入るため、黒い横帯の入るシロマダラや背面に銭形紋のあるマムシに間違えられるケースが少なくない。しかしシロマダラは頭部が黒く、幼蛇では頭部後半部に白い斑紋がある。また本種の成蛇もマムシに間違われることがあるが、体形がまったく異なる。

川岸の堰堤で数匹が重なり合っていた。交尾前行動だろうか　6月　山形県（U）

眼まできれいに剥がれた抜け殻。ヘビの脱皮は、最初に吻端を何かにこすりつけて皮をめくり、そこから靴下を脱ぐように行われる。きれいに剥がれたものはうろこの数なども判別でき、種同定に有効である。10月（U）

孵化。お腹の大きなアオダイショウの雌を家で産卵させて、孵化を待った。産卵から約50日後の早朝、ついに孵化が始まった。吻端の卵歯で殻を割って、子ヘビが顔を出した。写真はあくびをした瞬間　7月　和歌山県産（U）

「岩国のシロヘビ」は1924年に国の天然記念物に指定され、保護されている　10月（U）

シロヘビのうろこは互いに重ならない（U）

シロヘビの頭部。瞳は赤く非常に美しい（U）

ネズミを呑むアオダイショウ。英名でも「ネズミヘビ」である　8月（U）

ニホンアマガエルを呑むアオダイショウ。動くものなら、何にでも食いつく　9月　滋賀県（S）

## ★ニワトリの卵を呑むアオダイショウ

①卵を狙う（U）

②匂いを嗅いだあと、呑みはじめる（U）

③卵を地面に押し付けるようにする（U）

④卵を安定させるため胴体を引き寄せて巻き付く（U）

⑤20分ほどかけて、少しずつ呑んでいく（U）

⑥ゆっくりとどうにか呑み込んだ（U）

⑦噛み合わせを直すのが苦しそうだ（U）

⑧卵を徐々に送っていく。30分以上経過した（U）

⑨後方に移動した卵（U）

⑩卵を呑んで1時間あまり経過（U）

⑪やがて消化が始まる。5時間が経過した（U）

およそ3日後、口から排出された卵の殻（U）

体をふくらませた状態。通常はうろこは重なっている（U）

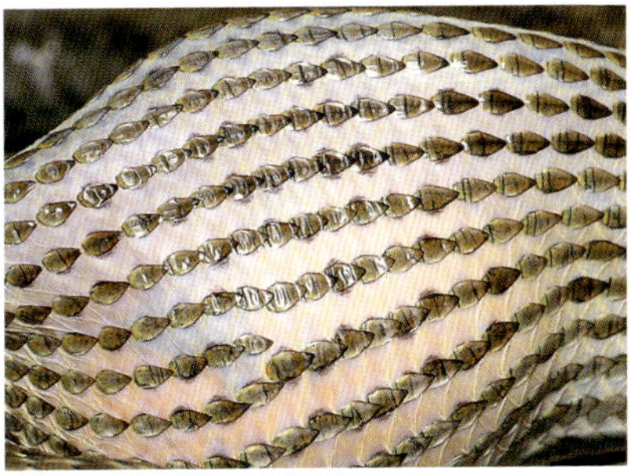

卵を呑んで伸びきった皮膚（U）

# リュウキュウアオヘビ

**学名** *Cyclophiops semicarinatus*　**漢字名** 琉球青蛇
**英名** Ryukyu green snake

リュウキュウアオヘビの現地での呼び名「オーナジャー」は、尾が長いという意味である　7月　奄美大島（U）

**大きさ**　全長70～80cm

**分布・生息環境**　奄美諸島、沖縄諸島、吐噶喇列島の宝島・小宝島などに分布。現地では昼夜を問わず普通に見られるヘビで、山地から林道、平地、草原、民家付近などさまざまな環境で目にする。

**特徴**　背面は緑色を帯びた褐色で、数本の不明瞭な褐色の縦条がある個体が多い。ただし個体変異が大きく、茶褐色のものや縦条が見られないものもいる。腹面は黄色もしくは白色で斑紋はない。幼蛇の背面は緑色が薄く、褐色で斑紋が見られ、成蛇の体色とは異なる。

昼間に見かけることもあるが、夜間、雨が降った後や、小雨が降っているときに最も目にしやすい。これは餌であるミミズが出没し、それを求めて徘徊しているものと考えられる。ミミズを見つけると素速くくわえ込み、するすると呑み込んでいく。人を見ると逃げる一方で咬み付いてくることはないが、しつこくかまうと上半身を持ち上げて威嚇のポーズをとる。

腹面は鮮やかな黄色　7月　奄美大島（S）

# サキシマアオヘビ

**学名** *Cyclophiops herminae*　**漢字名** 先島青蛇
**英名** Sakishima green snake

林道に出てきたサキシマアオヘビの成蛇。雨上がりの夜などに、目にする機会が多い　8月　石垣島（U）

幼蛇は緑の地に斑紋をもつが、成長につれ斑紋が消え、体色も褐色になる　9月　石垣島（S）

サキシマアオヘビの生態はまだわからないことが多い　8月　西表島（M）

**大きさ**　全長50～85cm
**分布・生息環境**　八重山諸島、宮古諸島に分布する。平地よりも山地に多く見られる。
**特徴**　リュウキュウアオヘビに似るが、本種の背面は褐色で、わずかに緑色を帯びる程度である。アオヘビといっても色彩的にはあまり青みを帯びない。数本の縦条があるが不明瞭であり、見られないものもいる。幼蛇はリュウキュウアオヘビの幼蛇と同様、褐色の斑紋を背面に多数もつ。
　昼間に行動するが、夜間にも活動することがある。ミミズ類を食べる。ただし詳しい食性や生態などは不明な点が多い。現地では山地に多いことから、目にする機会はそれほど多くない。
**類似種との識別**　同所にサキシママダラがいるが、目立つ黒褐色の幅の広い横帯があるので本種と間違うことはない。リュウキュウアオヘビに似るが、分布域が異なる。
〔準絶滅危惧（NT）〕

# キクザトサワヘビ

**学名** *Opisthotropis kikuzatoi* **漢字名** 喜久里沢蛇
**英名** Kikuzato's stream snake

久米島の数少ない渓流部で見かけたキクザトサワヘビ 7月 久米島（M）

調査中に確保された個体 7月 久米島（M）

天然記念物キクザトサワヘビの看板 久米島（U）

**大きさ** 全長54～63cm

**分布・生息環境** 久米島の特産種。山地の渓流中にすみ、陸には上がっても水辺から離れることはないと思われる。

**特徴** 背面は褐色もしくは暗褐色で、体側に黄～オレンジ色の小さな斑点が並ぶ。腹面は薄い黄色で模様はない。鼻孔は上部に開口し、水中でも呼吸しやすくなっている。うろこは光沢があり、胴の後ろから尾部にかけて顕著なキールがある。オタマジャクシや甲殻類、水生昆虫などを食べるといわれる。

生息地は昼間でも薄暗い森林の中を流れる小さな渓流で、目撃例のほとんどが午前10時頃～12時頃である。生息が確認されている渓流は多くなく、生息数も非常に少ない。生息環境が限定されるとともに特異であることから絶滅が危惧されており、沖縄県の天然記念物にも指定されている。

本種が含まれるサワヘビの仲間は、中国やフィリピン、ボルネオなどの東アジアにのみ分布するが、どれも山地渓流に限って見つかっている。

和名は発見者の喜久里教達氏に由来。

〔絶滅危惧ⅠA類（CR）〕

# Topics 幼蛇を見きわめよう

ヘビを見ると「マムシだ！」といってすぐに殺そうとする人がいるが、実際、マムシと他のヘビを、どれほど正しく見きわめているのだろうか。というのも、アオダイショウの幼蛇は、マムシの幼蛇と同じような模様をしていて、頸の部分がくびれているため頭が三角形に見える。この「頭部が三角形なのは毒蛇だ」というイメージから、殺されてしまうことが多いからだ。

アオダイショウだけでなく、幼蛇は親とは似ても似つかない色彩や模様をしているものが多い。シマヘビの幼蛇は、自慢の縞模様が不連続であずき色をしている。またヤマカガシの幼蛇は派手な色合いで、黄色の首飾りをもち、背中側は赤みが強い。

ヘビを同定する際には、特に小さなサイズの場合、まず幼蛇かどうかを疑ってみる必要がある。

あずき色の模様のシマヘビの幼蛇（S）

黒っぽい体色のタカチホヘビの幼蛇（S）

灰色のはしご模様のアオダイショウの幼蛇（S）

頸部に白い斑紋のあるシロマダラの幼蛇（S）

赤みが強く黒斑の多いジムグリの幼蛇（S）

尾が黄色いマムシの幼蛇（S）

# アカマタ

**学名** *Dinodon semicarinatum* **漢字名** 赤棟蛇
**英名** Ryukyu odd-tooth snake

夜行性でハブの天敵といわれるアカマタ。しかし逆にハブに食べられることもある 12月 奄美大島（U）

**大きさ** 全長80〜170cm
**分布・生息環境** 奄美諸島、沖縄諸島に分布。森林から平地まで広く生息する。
**特徴** 背面は赤褐色の地に黒褐色の横帯が尾部先端まで入る。大型個体では全体に暗色になるが、幼蛇の色彩は、赤と黒のコントラストが非常に鮮やかで美しく目立つ。

性質は幼蛇の頃から大変荒く、体の前半部を持ち上げて咬み付いてくるが、無毒である。夜行性で、ハブなどのヘビ類、トカゲ、カエル、ネズミ、鳥、魚、ときには孵化したばかりのウミガメの子まで食べる。マダラヘビ属では最も大きく、200cmを超えるものもいる。

奄美大島では「マッタブ」と呼ばれている。「アカマタ」は、沖縄での地方名がそのまま和名になったもの。沖縄島では普通に見られるヘビである。

砂浜で孵化したウミガメの子を食う 7月 沖縄島（Sa）

鮮やかな色彩のアカマタ 7月 奄美大島（U）

# アカマダラ

**学名** *Dinodon rufozonatum rufozonatum* **漢字名** 赤斑
**英名** Red banded odd-tooth snake

林道を徘徊しているとき、人影に気づき攻撃態勢をとるアカマダラ　5月　対馬（S）

飼育下のまだ若い個体（U）

側溝で交尾中のアカマダラ　5月　対馬（S）

**大きさ**　全長60～120cm

**分布・生息環境**　対馬、尖閣諸島に分布する。国外では朝鮮半島、中国、台湾、インドシナなどに分布する。

**特徴**　背面は赤褐色の地に黒い横帯が並ぶが、帯の数は変異が大きい。瞳孔は縦長でうろこにはキールはない。森林から平地、民家周辺にも見られ、主にカエルを食べているが、他のヘビや鳥なども食べる。対馬では水田などで普通に見られ、主に夜間に活動する。〔準絶滅危惧（NT）〕

# サキシママダラ

**学名** *Dinodon rufozonatum walli* **漢字名** 先島斑
**英名** Sakishima odd-tooth snake

水田でサキシマヌマガエルを捕食したサキシママダラの成蛇。地面に押しつけながら呑み込む　4月　西表島（M）

サキシママダラの顔　八重山諸島で最も数が多いヘビで、独特の体臭がある　10月　石垣島（S）

林床で見かけた成蛇。近くの水たまりのカエルを狙っているようだ　12月　西表島（M）

**大きさ**　全長50～100cm

**分布・生息環境**　宮古島、八重山諸島に広く分布する。山地から平地まで普通に見られる。

**特徴**　背面は黄褐色の地に黒褐色の幅広の横帯が入るが、その数には変異が大きい。基亜種であるアカマダラの横帯の数は胴体で45～97だが、本亜種では21～50と少ない。島ごとによる変異も知られ、宮古島の個体は横帯の数が少なく、与那国島の個体は逆に多い。

夜行性でカエル、トカゲ、ヘビなどを食べる。西表島近くの仲御神島では、海鳥のひなや卵を食べて大型化し、130cmにも達することが報告されている。

アルビノの個体　5月　石垣島（M）

# シロマダラ

**学名** *Dinodon orientale* **漢字名** 白斑
**英名** Oriental odd-tooth snake

白と黒のバンド模様が特徴のシロマダラ。気が荒く、トカゲを主に食べる 5月 滋賀県 (S)

**大きさ** 全長30～70cm
**分布・生息環境** 北海道、本州、四国、九州、さらに佐渡島、隠岐島、壱岐島、五島列島、種子島、屋久島、硫黄島、伊豆大島などに分布している。山地から平地までさまざまな環境に生息する。
**特徴** 背面は灰色もしくは白褐色で、黒い横帯がバンド状に入る。幼蛇は頭部の後半部に大きな1対の白い斑紋があり成長とともにこれが縮小、消失していく。

夜行性で個体数は多いとはいえないため、捕獲されると話題になることもある。瞳孔は縦長であるが、虹彩が黒っぽいので実際には瞳の形はわかりにくい。トカゲ、ヘビなどを主に食べる。捕らえようとすると首をS字状に曲げて威嚇し咬み付くが、効果がないと擬死を行うこともある。温度や湿度などに関係するのか、活動する時間帯には狭い範囲で複数の個体を目撃することがある。

白黒のコントラストが鮮やかな幼蛇 10月 和歌山県 (U)

シロマダラの孵化 8月 兵庫県産 (S)

# サキシマバイカダ

**学名** *Lycodon ruhstrati multifasciatus* **漢字名** 先島梅花蛇
**英名** White banded wolf snake

夜間、林の中で見かけたサキシマバイカダの成蛇。体は細長く、樹上でも生活している。トカゲ類を食べる 3月 西表島（M）

**大きさ** 全長70〜80cm
**分布・生息環境** 宮古島、石垣島、西表島に分布する。森林に主に生息する。
**特徴** 背面は灰褐色の地に黒褐色の横帯が入り、この横帯は頸部で最も幅が広く、後方へいくにしたがって徐々に狭くなる。ただし宮古島の個体ではほぼ均等となる。頭部は大きく、頸部はくびれが著しい。夜行性で、個体数は非常に少なく詳しい生態はわかっていない。基亜種は台湾、中国にも産するタイワンバイカダ*L. r. ruhstrati*である。 〔準絶滅危惧（NT）〕

# ミヤラヒメヘビ

**学名** *Calamaria pavimentata miyarai* **漢字名** 宮良姫蛇
**英名** Miyara's collared reed snake

ミヤラヒメヘビ。現地で聞くと、年によっては何匹もが側溝などで見つかることもあるという 与那国島（Sa）

**大きさ** 全長27〜37cm
**分布・生息環境** 与那国島に分布。
**特徴** 体は円筒形で頭部は小さく、頸部にはくびれがない。眼は小さく瞳孔は丸い。うろこには光沢があり、背面は茶褐色。腹面は鮮やかな黄色もしくはオレンジ色で、黒い斑紋がある。

東南アジア、中国中部、インド、台湾などに生息するナガヒメヘビ*C. p. pavimentata*の亜種である。生息数は非常に少なく、滅多に目にすることはできない。

〔絶滅危惧Ⅱ類（VU）〕

# ミヤコヒメヘビ

**学名** *Calamaria pfefferi* **漢字名** 宮古姫蛇
**英名** Pfeffer's reed snake

落葉や朽木の下にいるミミズのようなミヤコヒメヘビ　10月　宮古島（S）

**大きさ**　全長16～20cm

**分布・生息環境**　宮古島、伊良部島に分布。落葉や転石の下などで見つかる。

**特徴**　体は円筒形で、頭部から太さは変わらない。尾は短く先端が尖り、捕らえると、尾の先端を押し付けようとするが、毒はない。背面は赤褐色で光沢がある。腹面は淡い黄色で暗褐色の斑紋がある。

林床などの落葉や朽木の下などで生活する半地中性と考えられ、ミミズなどを食べている。堆積した落葉や朽木をそっとめくってみると、体を小さく丸めボール状になった個体を見つけることができる。思わず見逃してしまうほどの想像以上の小ささである。体に触れると、尾端を上手に使い、素速く土の中に潜る。乾燥にはきわめて弱い。

**類似種との識別**　ブラーミニメクラヘビと並ぶ小型のヘビで、よく混同されるが、腹面のうろこが大きく、体鱗の大きさが異なる。〔絶滅危惧ⅠB類（EN）〕

頭部の光沢が美しいが、マッチ棒の頭より少し大きい程度だ　10月　宮古島（S）

路上にいたミヤコヒメヘビの幼蛇　10月　宮古島（S）

# ヒバカリ

**学名** *Amphiesma vibakari vibakari* **漢字名** 日計、日量
**英名** Japanese keelback

ヒバカリの成蛇。口角から頸部にかけて白っぽい帯が目立つ 9月 佐賀県（U）

ヒバカリの頭部 5月 和歌山県（U）

ヒバカリの幼蛇。頸に黄白色の線がある 滋賀県（S）

**大きさ** 全長40～60cm
**分布・生息環境** 本州、四国、九州、また佐渡島、隠岐島、壱岐島、五島列島などに分布している。森林から平地まで幅広い環境に生息するが、特に水田や湿地などに多い。
**特徴** 背面は褐色、または茶褐色。口角から頸部にかけて、斜めに淡黄色の帯が入る。腹面は黄白色で、その両縁には暗色の点刻がある。頭部は比較的小さく、瞳孔は丸い。うろこには一部を除きキールがある。森林や草原などでも見つかるが、水田や湿原、水路脇の道などでの目撃例が多い。これは本種がカエルやオタマジャクシ、ドジョウなどの小魚、ミミズを食べているからだ。珍しい観察例として、和歌山県の山中でオオダイガハラサンショウウオの成体を呑み込んでいたというものがある。

性質は温和であるが、追い詰められたりすると首をS字状に曲げて立ち上がり、咬み付くような激しい威嚇行動をとることがある。そのため、かつては毒蛇と誤解され、「咬まれれば、命はその日ばかり」といわれたことからヒバカリの名がある。

5～6月に交尾を行うが、1匹の雌に5～6匹の雄が群らがってボール状にな

# ダンジョヒバカリ

**学名** *Amphiesma vibakari danjoense* **漢字名** 男女日計(日量)
**英名** Danjo keelback

飼育下で産卵したダンジョヒバカリの雌（体長260mm、卵の長径32mm）7月　男島産（Ma）

**大きさ**　全長18～34cm
**分布・生息環境**　長崎県男女群島・男島に特産する。林床に生息。
**特徴**　基亜種のヒバカリに比べて、全長に占める尾の割合が大きい。また、より小型で体側の淡い縦条がはっきりとしており、口角から頸部にかけて入る帯もより鮮明である。頭はやや尖る。
男島は湿地などがなく、ほとんどが急な傾斜地となっており、両生類なども生息していない。そのため餌としてはミミズを主に食べていると思われる。林床内の落葉が堆積した場所や、転石や倒木の下などに生息している。〔情報不足（DD）〕

オタマジャクシを呑むヒバカリ　10月　滋賀県（S）

ヌマガエルを30分ほどで呑み込む　6月　和歌山県（U）

ることが観察されている。産卵は初夏に行われ、平均して6個の卵を産み、卵は他のヘビと異なり、互いに付着しない。1か月ほどで孵化し、子ヘビは15cmほど。
大変餌付きやすく、浅い容器に水を張りメダカやドジョウ、オタマジャクシを放しておくとすぐに食べるようになる。
**類似種との識別**　小型という点ではタカチホヘビに、生息地ではヤマカガシの幼蛇やジムグリの幼蛇に近いが、本種は幼蛇も含め頸部に明るく黄色い帯が斜めに入るため識別は容易である。

# ミヤコヒバァ

**学名** *Amphiesma concelarum* **漢字名** 宮古ヒバァ
**英名** Miyako keelback

昼間、池の近くで見かけたミヤコヒバァ。詳しい生態などはまだわかっていない　9月　宮古島（U）

雨が降る直前、林床に姿を現したミヤコヒバァ　9月　宮古島（U）

**大きさ**　全長50～70cm
**分布・生息環境**　宮古島、伊良部島に分布する。林床から平野まで見られる。
**特徴**　背面は暗褐色で、体の前半に薄黄色の細い横帯が入る。頸部には同属のヤエヤマヒバァ、ガラスヒバァのようなV字の横斑が見られない。そのため頭部、全身ともに黒っぽいイメージが強い。体側にはやや明るい斑点が並ぶ。うろこには顕著なキールがある。

カエル類を食べているようだが、詳しい生態は不明。数は多くないようであるが、公園の中の林床でも観察された例がある。　〔絶滅危惧ＩB類（EN)〕

# ヤエヤマヒバァ

**学名** *Amphiesma ishigakiense* **漢字名** 八重山ヒバァ
**英名** Yaeyama keelback

湿地でカエルを狙うヤエヤマヒバァの成体。体色は明るい色から黒っぽいものまでさまざまだ　4月　石垣島（M）

ヌマガエルを呑むヤエヤマヒバァ　8月　西表島（M）

ヤエヤマヒバァ　5月　西表島（S）

**大きさ**　全長75～95cm

**分布・生息環境**　石垣島、西表島に分布。山地から平地にかけて広く見られる。

**特徴**　背面は褐色または茶褐色の地で、体の前半には薄黄色の細い横帯が入る。頸部には同じく薄黄色のＶ字の横斑がある。腹面は黄色。うろこには顕著なキールがある。尾は長いが、全長の1／4ほどで、ガラスヒバァほど長くない。また体形もやや太い。生息環境もガラスヒバァと似ており、主に川や水田、湿地などに多い。カエルやオタマジャクシなどを食べる。

ガラスヒバァと決定的に違う点は、本種が胎生であることである（ミヤコヒバァの繁殖様式は不明）。卵ではなく、胎膜に包まれた子ヘビを直接産み出す。子ヘビは１度に５～８匹生まれる。

# ガラスヒバァ

**学名** *Amphiesma pryeri*　**漢字名** 烏ヒバァ
**英名** Pryer's keelback snake

ガラスヒバァの成蛇。ガラスヒバァとは現地の方言で「カラス蛇」の意味である　7月　奄美大島（U）

**大きさ**　全長75～110cm

**分布・生息環境**　奄美諸島と沖縄諸島に分布する。川や水田、湿地などでは普通に見かける。

**特徴**　頭部や体の前方では黒褐色の地に黄色いV字の横斑があり、後方へいくにしたがって斑点状となる。腹面は薄い黄色で、うろこの両端に暗色の点刻列がある。頭部の大きさの割に眼が大きく、うろこにはキールが発達している。尾は長く、全長の1/3ほどを占める。体色や斑紋には変異が大きいが、若い個体ほど黄色い横帯が鮮明である。

昼夜を問わず活動するが、夏は夜間に目撃されることが多い。川や水田、湿地といった水辺でよく見かける。主にカエル（リュウキュウカジカガエル）やオタマジャクシを食べており、ときにトカゲ類も捕食する。水にもよく潜り、吻端だけを水面に出して水に浸かっていることもある。追い詰められたりすると首をS字に曲げ、体の前半をくねらせながら持ち上げて威嚇する。

頭を上げて威嚇するガラスヒバァ　5月　奄美大島（M）

卵生で、細長い卵を2～6個産む。咬症例はほとんどないが、本種もヤマカガシと同じく、デュベルノイ腺からの分泌液は出血毒として知られ毒性はかなり強いので、むやみに触らないほうがいい。

水たまりに集まるリュウキュウカジカガエルを追うのをよく見られる（手前はシリケンイモリ）4月　奄美大島（M）

土手の草むらに現れた約40cmの幼蛇　5月　渡嘉敷島（M）

特徴的な模様の伊平屋島の個体　3月　伊平屋島（S）

威嚇するガラスヒバァ　5月　奄美大島（U）

# ヤマカガシ

**学名** *Rhabdophis tigrinus tigrinus* **漢字名** 山棟蛇
**英名** Tiger keelback

赤や黄色の斑紋がはっきりしている関東産のヤマカガシ 8月 東京都 (U)

**大きさ** 全長70～150cm
**分布・生息環境** 本州、四国、九州のほか佐渡島、隠岐島、壱岐島、五島列島、屋久島、種子島などに分布する。国外では沿海州から中国南部に分布。台湾には別亜種がいる。山地から平地まで生息。
**特徴** 最も普通に見られるヘビ。背面は褐色の地に黒色の斑紋があるが、色彩は地域による変異が大きい。関東地方では黒と赤や黄色の斑紋がはっきりしているが、関西地方でははっきりせず、オリーブまたは黄褐色の単一色であることが多い。さらに中国・四国地方では東日本に似た赤と黒の斑紋になるが、中国地方では青い斑紋をもつものも珍しくはない。九州地方では黒い斑紋が目立つ。西日本では黒化型もしばしば見られる。

幼蛇では頸部に目立つ黄色い横帯がある。うろこには顕著なキールがある。平地よりも山地で見られる個体のほうが大きい傾向がある。また雌は雄よりも顕著に大きい。

平地の水田や小川、湿地などに多く、カエル類を主に食べている。動きは敏捷で水辺ではよく水に入り、主に昼間に活動している。ドジョウなどの小魚、オタマジャクシも食べ、大型の個体ではヒキガエルのような大きなカエルも食べる。

水に入ろうとする個体 9月 滋賀県 (S)

産卵は6～8月で、卵は小さく数が多い。6～43個で、おそらく産卵数では日本で最も多い。卵は40日くらいで孵化する。外敵に襲われた場合などには、体の前半分をふくらませたり、首を平たくしたり、おじぎのようなポーズをしたりする。

頸部の皮膚の下には、外刺激によりしみ出たり、飛散したりする黄色の毒を出す頸腺がある。この毒液が誤って眼に入

関東産に比べて黒みがかっている関西産のヤマカガシ　9月　兵庫県（S）

産卵中のモリアオガエルを捕食する　6月　静岡県（M）

川辺に現れたヤマカガシの幼蛇　9月　高知県（M）

ると障害を起こす。またこれとは別に、上顎の奥にデュベルノイ腺をもつ。これは唾液腺であるが、上顎の奥に位置する歯が毒牙として働き、その付け根にデュベルノイ腺の分泌液が出てくる。したがって軽く咬まれた程度では必ずしも毒が入り込むわけではない。そのためヤマカガシは近年まで無毒蛇として扱われてきた。しかしながらデュベルノイ腺毒は毒性が非常に強く、口奥に達するよう深く咬まれたり、長時間咬まれた場合には、体質によって異なるものの、全身で出血が見られるようになる。

**類似種との識別**　シマヘビやアオダイショウとは、うろこに顕著なキールがあることで区別できる。

**ツマベニナメラ** *Elaphe moellendorffi* ナメラ属
分布：中国広東省・広西省、ベトナム北部
全長：180〜200cm 頭部背面と尾先端部が赤い。
中国では薬用、食用になっている。(U)

**ベニナメラ** *Elaphe porphyracea* ナメラ属
分布：台湾、中国、インド、マレー半島、スマトラ島
全長：80〜90cm 頭部に3本のラインが入る。
基本的には森林性。(U)

**フタモンナメラ** *Elaphe bimaculata* ナメラ属
分布：中国 全長：60〜70cm
頭部の背面に槍の穂先状の斑紋があるのが特徴。(U)

**ヨルナメラ** *Elaphe flavirufa* ナメラ属
分布：メキシコ中部〜ニカラグア 全長：90〜100cm
夜行性で小さな哺乳類などを食べる。斑紋の変異は大きい。(U)

**トリンケットヘビ**
*Elaphe helena* ナメラ属
分布：スリランカ、インド、パキスタン、ネパール
全長：90〜130cm
写真の個体は威嚇をしているもので、首を縦に平たく折り曲げて持ち上げる。(U)

**タカサゴナメラ**
*Elaphe mandarina* ナメラ属
分布：台湾、中国中部・南部、ベトナム、ミャンマー
全長：80〜150cm
数あるヘビの中でも色彩の美しさは目を見張るものがある。森林や草原に生息する。(U)

**ハシゴヘビ** ***Elaphe scalaris*** ナメラ属
分布：イベリア半島～仏地中海沿岸　全長：100～120cm
幼蛇はH型の斑紋が連なることから、この名がある。(U)

**キツネヘビ** ***Elaphe vulpina*** ナメラ属
分布：米中北部～カナダ五大湖周辺
全長：90～140cm　低地の草原、湿地などに主に生息している。(U)

**ブラウンコーンスネーク** ***Elaphe guttata emoryi***
ナメラ属　分布：米中央部～メキシコ東北部
全長：60～90cm　レッドコーンスネークに似るが赤みが薄い。谷間や丘陵地などに生息する。(U)

**ジャンセンナメラ** ***Elaphe janseni*** ナメラ属
分布：セレベス島北部、インドネシア　全長：170～180cm
成蛇は基色が乳白色だが、体後半から尾部にかけて黒くなる。(U)

**キイロネズミヘビ** ***Elaphe obsoleta quadrivittata***
ナメラ属　分布：米東南部（フロリダ半島～大西洋沿岸）
全長：100～180cm　湿地から草原など、幅広い環境に生息する。いくつかの亜種がある。(U)

**ヒョウモンナメラ** ***Elaphe situla*** ナメラ属
分布：イタリア南部、バルカン半島、トルコなど
全長：80～100cm　多くのナメラ類と異なり、幼蛇の斑紋が成長しても変わることがない。低地性。(U)

**ベアードネズミヘビ** ***Elaphe bairdi*** ナメラ属
分布：米テキサス州西部、メキシコ　全長：120～140cm　黄色～オレンジ色が基色だが、体色のバラエティーは少なくない。(U)

## ★コーンスネークの仲間　*Elaphe guttata guttata*　ナメラ属　分布：米東南部　全長：80～120cm

**レッドコーンスネーク**（左右とも）
林から開けた牧草地までさまざまな環境に生息する。飼育下において数多くの色彩変異が作出されており、品種として固定されているものもある。ペットとして人気が高く、飼育も容易。(U)

**アメラニスティック**（黒色色素欠乏のアルビノ）
鮮やかな赤色で人気がある。(U)

**スノーコーン**　黒色、赤色、黄色などの色素が複合して欠乏したタイプは全身が白一色となる。(U)

**アメラニスティック**
黒色のほかに赤色色素も欠乏したタイプ (U)

**キスジヒバァ**　***Amphiesma stolatum***　ヒバカリ属
分布：台湾、中国南部、インドシナ、パキスタン
全長：50～60cm　水田や耕作地に普通に見られる。主にカエルを食べる。(U)

**キイロマダラ**　***Dinodon flavozonatum***　マダラヘビ属
分布：中国　全長：70～100cm
森林や草原、渓流などに生息する。夜行性。(U)

# イワサキワモンベニヘビ

**学名** *Sinomicrurus macclellandi iwasakii* **漢字名** 岩崎輪紋紅蛇
**英名** Iwasaki's coral snake

イワサキワモンベニヘビ。個体数は非常に少なく、見かけることはまれである　石垣島（Sa）

**大きさ**　全長30～80cm
**分布・生息環境**　石垣島、西表島に分布。森林とその周辺に生息する。
**特徴**　背面は赤褐色の地に黒く幅の広い横帯がある。横帯の前後には幅の狭い白い横帯も見られる。縦条がなく、同属のヒャンやハイとの区別点となる。腹面はクリーム色で、背面の横帯が回り込んで環をなし、その間に黒斑がある。頭部背面の中央と吻端は白い。全体に細長く、瞳孔は丸い。

コブラ科の毒蛇であるが、口が小さく性格もおとなしい。捕まえられると尖った尾の先端を相手に押し付け、刺すような行動をする。森林の堆積した落葉や朽ちた倒木の下などから見つかっているが、個体数は少なく詳しい生態もよくわかっていない。小型の爬虫類を食べていると思われる。　〔絶滅危惧Ⅱ類（VU）〕

毒蛇であるが、危険性は低い　西表島（Mm）

# ヒャン

**学名** *Sinomicrurus japonicus japonicus*
**英名** Hyan coral snake

夜間、渓流の源流部に現れたヒャンの成蛇。色鮮やかだが見かけることは少ない　7月　奄美大島（M）

口が小さいので咬むことはまずない　5月　奄美大島（U）

オレンジ色が美しい個体　5月　奄美大島（U）

**大きさ**　全長30～60cm
**分布・生息環境**　奄美諸島の奄美大島、加計呂麻島、与路島、請島に分布。森林やその周辺に生息する。
**特徴**　背面は鮮やかなオレンジ色で、黒い横帯が入る。背中線にはよく目立つ黒い縦条があり、個体によっては3または5本の細い縦条が入るものもあり、色彩ともに変異がある。腹面はクリーム色。頭部は頸部よりもわずかに太い程度で、尾は短く先端は尖っている。幼蛇の色彩は、よりオレンジ色が濃く美しい。毒をもっているが、性質はおとなしく口も小さいことから、咬むことはまずない。
　森林や山林などの、どちらかといえば薄暗い場所に生息する。奄美大島では、林道工事、山の斜面を崩すなどの工事の際に見つかることも少なくない。現地では大変恐れられており、捕らえる人はいない。夜間に観察されることが多いが、昼間に行動することもある。主にトカゲやメクラヘビなどを食べる。ヒャンとは現地の言葉で「日照り」を意味し、本種を見かけると日照りが続くといわれている。個体数は多くはないようだ。

〔準絶滅危惧（NT）〕

# ハイ

**学名** *Sinomicrurus japonicus boettgeri*
**英名** Hai coral snake

ハイの成蛇。コブラ科の毒蛇というと恐ろしいイメージだが、性質はおとなしい　8月　沖縄島（M）

**大きさ**　全長30～56cm

**分布・生息環境**　奄美諸島の徳之島、沖縄諸島の具志川島、沖縄島、渡嘉敷島に分布。森林などに生息する。

**特徴**　ヒャンと形態的にはほとんど同じだが、色彩が異なる。背面は赤褐色で、目立つ黒い縦条が5本入る。その縦条を寸断するように細い横帯がある。横帯は黒色で、その両縁が薄い黄色で縁取られる。腹面の斑紋は小さい。

本種もヒャンと同じくコブラ科の毒蛇だが、やはり口が小さく、性質もおとなしいことから、咬むことはまずない。捕らえられると、尖った尾の先端を相手に押し付ける習性もヒャンと同じである。ハイも「日照り」を意味している。夜間に活動し、トカゲやメクラヘビなどを食べる。ヒャンの亜種だが、久米島などに生息するものを別亜種クメジマハイとして分けているので、本亜種をオキナワハイと呼ぶこともある。個体数は多いとはいえない。　〔準絶滅危惧（NT）〕

林内で移動する成蛇　8月　沖縄島（S）

# クメジマハイ

**学名** *Sinomicrurus japonicus takarai* **漢字名** 久米島ハイ
**英名** Kumejima coral snake

クメジマハイの成蛇。捕まえると、尾の固い部分で刺そうとする　10月　久米島（M）

ヘリグロヒメトカゲを呑んでいた　10月　久米島（M）

クメジマハイの生息地　7月　久米島（M）

**大きさ**　全長30～60cm

**分布・生息環境**　久米島、伊江島、座間味島、安室島、慶留間島、阿嘉島、渡名喜島に分布する。

**特徴**　沖縄島などに分布するハイとは、色彩が大きく異なる。ハイは黒い縦条を寸断するように横帯が見られ、その両縁が白もしくはクリーム色であることから、縦条と横帯がクロスする部位が大変目立つ。しかしながら本亜種は、その横帯が見られないため黒い縦条のみとなる。ハイと同じく小型のトカゲなどを食べていると思われる。分布する場所が限られ、なおかつ生息数も大変少ないので不明な部分が多い。本亜種は1999年に記載されたもの。　〔絶滅危惧Ⅱ類（VU）〕

# ヒロオウミヘビ

**学名** *Laticauda laticaudata* **漢字名** 広尾海蛇
**英名** Banded amphibious sea snake

ヒロオウミヘビ。エラブウミヘビ同様、燻製などにして食用にされる　西表島（Ms）

**大きさ**　全長70～120cm
**分布・生息環境**　南西諸島の沿岸に分布する。国外では東アジア沿岸からベンガル湾、オーストラリア沿岸、南太平洋まで分布している。
**特徴**　体形は細長く、地の色は青色。やや幅広の黒褐色の横帯が入り、腹面は淡い色をしている。尾はひれ状。頭部は頭頂部と唇、のどが黒い。腹板は幅が広い。

ウミヘビ類はエラブウミヘビ亜科とウミヘビ亜科に分けられ、エラブウミヘビ亜科Laticaudinaeは陸に依存する部分が大きく、昼間は海岸の洞窟や岩礁の割れ目などに隠れており、すべて卵生である。日本では本種を含め3種が知られている。

ヒロオウミヘビ　西表島（Ms）

活動は主に夜間で、夜になると海に入り魚などを捕らえ、アナゴを好むとされる。場所によっては非常に多く生息することが知られる。毒は非常に強いが、あまり咬むことはない。〔絶滅危惧Ⅱ類（VU）〕

# アオマダラウミヘビ

**学名** *Laticauda colubrina* **漢字名** 青斑海蛇
**英名** Yellow-lipped sea snake

アオマダラウミヘビは唇と目の上が薄黄色っぽい。陸上で目撃されることもある　3月　石垣島（U）

**大きさ**　全長50～150cm
**分布・生息環境**　南西諸島の沿岸に分布する。主に宮古諸島、八重山諸島に見られ、奄美諸島や沖縄諸島では少ない。国外では東アジア沿岸からベンガル湾、オーストラリア沿岸、南太平洋まで分布。
**特徴**　地の色は明るい灰色、もしくは青っぽい灰褐色で、黒褐色の環帯の幅は狭い。尾はひれ状で、腹板の幅は広い。鼻孔は側面に位置し、吻端板は１枚で後ろに３枚の前額板がある。頭部は頭頂と眼の後方が黒く、唇と眼の上部はクリーム色もしくは薄い黄色。英名もこの特徴から付けられたもの。海中では、この薄黄色のマスク状模様がよく目立つ。

エラブウミヘビ同様、本種も夜間に活動し、魚類などを食べる。昼間は海岸の岩礁などに隠れている。かなり陸上を移動することが知られており、卵生。毒はかなり強いが咬み付くことはない。

アオマダラウミヘビの頭部（U）

本種のようないわゆるウミヘビカラーは、ウミヘビの生息する海域では、少なくとも警戒色として有効だとされている。海中ではかなり水深があっても、白黒のカラーパターンは実際に大変目立って見えるものである。

# エラブウミヘビ

**学名** *Laticauda semifasciata* **漢字名** 永良部海蛇
**英名** Erabu sea snake

太くがっしりとした体形のエラブウミヘビ　6月　石垣島（U）

**大きさ**　全長70～150cm
**分布・生息環境**　南西諸島の沿岸域に分布する。国外では台湾、中国、インドネシア、フィリピンに分布している。
**特徴**　背面は薄い青色の地に暗褐色の横帯（環帯）が入るが、色彩、横帯は個体によっても、また成長の過程によっても変化する。幼蛇のうちは地の色も鮮やかな青色をしているが、成長とともにくすんだ褐色となり、横帯も不鮮明となる。大型の個体になると、ほとんど横帯が確認できないものもいる。腹面にも横帯が入るが不明瞭である。体形は太く、尾はひれ状となる。吻端板が上下に分かれているのが特徴。昼間は海岸の岩の隙間などに隠れ、活動はほとんど夜間に行われる。魚を捕らえて食べる。

　ウミヘビのなかでは飼育が容易といわれ、姫路市立水族館では1967年から飼育している個体がおり、2002年で35年を迎えた。主にアジの切り身などを餌とし、全長約1.7mで現在も成長を続けている。

尾は泳ぎやすいようにひれ状になっている（U）

また飼育下での産卵・孵化にも成功している。卵は非常に大きく、平均して長さ9.7cm、重さ56gほどだという。孵化までは約140日と非常に長い期間を要する。

　沖縄の久高島では、夏から秋にかけて上陸する個体を手摑みで捕獲し、燻製などにしている。沖縄地方では、古くから伝統食材として利用されてきた。現地ではエラブウナギとも呼ばれる。

〔絶滅危惧Ⅱ類（VU）〕

# クロガシラウミヘビ

**学名** *Hydrophis melanocephalus* **漢字名** 黒頭海蛇
**英名** Black-headed sea snake

水深15mほどの海底の砂地で休むクロガシラウミヘビ　9月　石垣島（U）

**大きさ**　全長80～140cm
**分布・生息環境**　南西諸島沿岸に分布。本州の近海で見つかることもある。国外では中国、台湾、フィリピン沿岸に分布している。
**特徴**　背面は灰褐色～薄黄色の地に黒い横帯が入る。名前のように頭部が黒いものが多いが、全ての個体が黒いとは限らない。頭部は非常に小さいが、胴から後半にかけてはかなり太くなる。眼は小さく、直径は唇からの距離とほぼ等しい。尾はひれ状で、尾の先端部も黒いのが特徴。腹板は非常に小さい。頭部の側頭板はほとんどが1枚である。毒は強いが頭部が小さいので危険性はあまりない。砂の中に頭を突っ込んで、アナゴの仲間などを捕食する。
　胎生で、夏から秋にかけて4～5匹を産む。昼行性で、海底の砂地では着底して頭を持ち上げてじっとしている姿をよく見かける。近付いても逃げることはないが、何かの拍子に驚くと一目散に水面に向かって泳ぐ。石垣島沿岸では、水深15～20mの砂底の場所で多く見られる。
　よく似たマダラウミヘビとは、側頭板がほとんど1枚であること、眼が頭部に比べて大きいことなどで区別することができる。

頭部は非常に小さく、名の通り黒いものが多い（U）

呼吸のために水面に向かうクロガシラウミヘビ。胴部の太さの割に頭部が小さい　9月　石垣島（U）

尾はひれ状で、先端部が黒いのが特徴（U）

脱皮したあとの皮（水槽）（U）

飼育下でナベカを捕らえたクロガシラウミヘビ。自然下では砂の中に潜っているアナゴなどの細長い魚類を捕食している（U）

# マダラウミヘビ

**学名** *Hydrophis cyanocinctus* **漢字名** 斑海蛇
**英名** Banded sea snake

捕獲されたマダラウミヘビ 沖縄島（Ot）

**大きさ** 全長110〜180cm

**分布・生息環境** 南西諸島沿岸に分布する。本州でもまれに見つかる。国外では東アジア沿岸からペルシア湾まで分布。

**特徴** 背面は薄黄色の地に黒い横帯が入り、頭部は極端に小さくはないが大きくもない。

クロガシラウミヘビと非常によく似ており、しばしば混同される。色彩変異も大きく、確実に区別するには頭部を拡大して観察する必要がある。本種は側頭板が2枚であるのに対し、クロガシラウミヘビはほとんどが1枚である。眼は頭部に比べて小さい。これは頭部がクロガシラウミヘビより大きいので、相対的に眼が小さく見えるためである。尾はひれ状で、腹板はきわめて小さく、数も多い。鼻孔は背面に開口する。

主に魚類を食べるが、詳しい生態はわかっていない。南西諸島では数は多くない。胎生で3〜15匹の子ヘビを産む。

# クロボシウミヘビ

**学名** *Hydrophis ornatus maresinensis* **漢字名** 黒星海蛇
**英名** Ryukyu ornated sea snake

クロボシウミヘビは気性が荒く、日本近海のウミヘビの中では最も攻撃的である 西表島（Yn）

**大きさ** 全長80〜90cm

**分布・生息環境** 南西諸島の沿岸に分布する。国外では台湾などに分布し、基亜種はオーストラリア近海からペルシア湾まで分布する。

**特徴** 背面は薄黄色の地に黒い横帯が入るが、横帯は腹側へまわるにしたがって細く狭まる。あるいは途中で途切れることもある。腹面は白く目立ち、腹板は非常に小さい。頭は比較的大きく頸部がくびれるため、頭部がはっきりと認識できる。頭頂部は黒い。尾はひれ状で、胴体は太くがっしりとしている。鼻孔は背面に開口する。

非常に気性が荒く攻撃的なので、注意を要するウミヘビである。ただし個体数は少なく、日本沿岸のウミヘビでも珍しい種類とされる。

# イイジマウミヘビ

**学名** *Emydocephalus ijimae*　**漢字名** 飯島海蛇
**英名** Ijima's turtle-headed sea snake

イイジマウミヘビのストライプは境目がはっきりしていない　沖縄島（Yn）

**大きさ**　全長50～90cm
**分布・生息環境**　南西諸島の沿岸に分布する。国外では中国、台湾に分布。
**特徴**　背面の地の色は黄白色で、黒褐色の横帯が入るが、帯の縁が不揃いである。同じようなカラーパターンの多いウミヘビのなかにあって、横帯がきっちりとストライプにならない。上陸はしないが腹板は幅が広く、中央で折れてV字形になる。一般にウミヘビ類の腹板は、陸に依存するものほど幅が広い傾向がある。逆に陸に依存せずに生活するものでは、小さく退化することもある。尾はひれ状となり、鼻孔は背面に開口する。ややずんぐりとした体形で、頭部は丸みがある。

本種は魚卵だけを専食するため、唇のうろこが大きく硬い。1mm程度のハゼやスズメダイ、ギンポなどの卵を岩からこそげ取って食べている。そのため、歯はもちろんのこと、毒牙や毒腺も退化し、ほとんど無毒ヘビといって差し支えない。胎生で、2～4匹を産んだ記録がある。

イイジマウミヘビの頭部　沖縄島（Yn）

**類似種との識別**　互いによく似たウミヘビのなかにあって、本種は横帯の縁がギザギザで不揃いなため識別は容易だ。

〔絶滅危惧Ⅱ類（VU）〕

# セグロウミヘビ

**学名** *Pelamis platura* **漢字名** 背黒海蛇
**英名** Pelagic sea snake

陸に引き上げられたセグロウミヘビ　2月　黒島（Ka）

**大きさ**　全長50～80cm
**分布・生息環境**　日本近海に広く分布する。外洋性で、国外では太平洋からインド洋にかけて広大な分布域をもつ。
**特徴**　体は側扁し、尾はひれ状となり、泳ぐのに大変適した体形をしている。背面は青みがかった黒色で、腹面は黄色い。尾には波形の模様が入るが、変異は大きい。体色は他のどのウミヘビとも異なる。頭は扁平して細長く、鼻孔は背面に開口する。腹板は非常に小さく退化しており、陸上では思うように動けない。胎生。

海流によって漂流することが知られ、北海道沖まで北上するものもいる。遊泳力にすぐれるが、海岸などに誤って打ち上げられると身動きがとれない。出雲地方では、このようにして打ち上げられたものを「龍蛇」として出雲大社に奉納するとともに、民家でも神棚に祀る習慣が残っている。

# トゲウミヘビ

**学名** *Lapemis curtus* **漢字名** 棘海蛇
**英名** Hardwicke's sea snake

**大きさ**　全長60～120cm
**分布・生息環境**　日本には漂流による記録のみで、おそらく生息しないと思われる。東南アジアからオーストラリア沿岸、西はペルシア湾まで広く分布している。
**特徴**　背面は灰白色の地に黒い横帯がある。体はずんぐりと短く、頭部は大きい。尾はひれ状で、腹板はなくなっていることが多い。沿岸に生息し、魚などを食べる。胎生。雄の腹面のうろこに顕著な棘が発達するため、この名がある。

捕獲されたトゲウミヘビ　マレーシア（Ms）

## Topics 奄美のハブ捕り

昔に比べればハブ咬症の被害は減少しているというが、現在もハブへの恐怖は島で暮らす人々にとって、有形、無形にかかわらず存在している。ハブを少しでも減らすため、賞金や米などと交換して買い上げが行われはじめたのは1865年で、それは今でも継続されている。島の人々の中には、小遣いを稼ぐ目的でハブを捕らえる人も少なくないが、ハブ捕りを職業としている人もわずかに存在する。彼らは夜行性のハブを捕らえるため昼夜逆転の生活をし、人の立ち入らない森の奥深く入り込んで行く。

ハブ捕りフック。ゴムの力で先端のフックを挟む（U）

ハブ捕りを専業とする人　奄美大島（U）

## Topics 魚のウミヘビ

ウミヘビといえば全てが爬虫類の仲間（有鱗目ヘビ亜目）と思うかもしれないが、魚の仲間にもウミヘビと呼ばれるものがいる。こちらはウナギ目アナゴ亜目のウミヘビ科に分類されるグループで、細長い体形の、いわゆるウナギ型の魚である。

魚のウミヘビは熱帯域から温暖な海洋の沿岸に生息し、世界では約250種、日本近海では36種類が報告されている。釣りの外道として掛かることもあり、爬虫類のウミヘビと間違えて、毒をもつと思って過剰に反応する人が少なくない。

しかし、よく観察すれば容易に判別は可能だ。爬虫類のウミヘビにはうろこがあり、ひれをもたないが、魚のウミヘビにはうろこが全くなく、頭部後端に鰓穴が開口し、ひれがある（腹びれはない）。もちろん毒はない。色彩はさまざまであるが、なかには爬虫類のウミヘビとよく似たものもいて、写真のシマウミヘビもその例である。

シマウミヘビの幼魚（水槽）（U）

# ニホンマムシ

**学名** *Gloydius blomhoffii* **漢字名** 日本蝮
**英名** Japanese mamushi

ニホンマムシは毒蛇の代表とされるが実際はおとなしく、一方的に人に向かってくることはない　4月　和歌山県（U）

**大きさ**　全長40～65cm

**分布・生息環境**　北海道、本州、四国、九州、さらに焼尻島、天売島、佐渡島、隠岐島、壱岐島、五島列島、屋久島、種子島、伊豆大島、八丈島などに分布。森林から平野の田畑まで広く生息する。

**特徴**　背面は褐色または赤褐色の地に、真ん中に暗色の斑のある楕円形の斑紋が並ぶ。それを穴開き銭に見立てて銭形紋と呼ぶことがある。頭はやや長い三角形で頸部はくびれる。よく「頭が三角形のヘビは毒蛇だ」といわれるが、興奮したシマヘビやアオダイショウなども三角形になることから、毒蛇を頭の形で判断することはできない。全体的に太短く、尾も短くて急にくびれている。

眼と鼻の間には感覚器である１対のピット器官があり、赤外線を感知してほんのわずかな温度差に反応することができる。この器官と眼で、より正確に餌動物を捕らえることができる。

毒蛇として知られ恐れられるが、実際はおとなしいヘビである。森林や藪などの林床、田畑、ときには林道脇などで目にする機会が多く、水辺には特に多い。泳ぎはうまく、川などの流れを上手に横断する。背面の模様が枯れ草などと保護色となっており、山で気が付かずに腰掛けたらすぐ脇にいたなどというニアミスもよく耳にする。しかしマムシのほうから積極的に向かってきて咬み付くことはないので、見かけても慌てることなく対処したい。

普段は夜行性であるが、冬眠前後（春と秋）と夏の妊娠雌は昼間に活動する。そのため夏に日光浴をしている雌個体に

マムシの黒化型。クロマムシと呼ばれる。飼育個体（U）

渓流の土手を移動する　8月　千葉県（M）

ニホンマムシの幼蛇。すでに毒をもつ　10月　滋賀県（S）

咬まれる事故が最も多い。毒の量こそ少ないが毒性は非常に強く、出血毒による腎不全で死亡するケースもあるが、その確率は１％以下といわれる。本種に咬まれた場合、できるだけ速やかに傷口から毒を絞り出し、吸い出してからすぐに病院に行って血清治療を受ければ、死亡事故はほぼ防ぐことができる。しかし、マムシ咬傷により年間10件程度の死亡例が報告されているので、早めの対処が肝要である。

マムシは胎生で、８～10月に５～６匹の子ヘビを産む。子ヘビは全長約20cmで、生まれたときからすでに毒を備えている。基本的に成蛇と同じ色彩・斑紋をもつが、尾の先端が明るいオレンジ色であることで異なる。

カエルやネズミをはじめ、他のヘビや

上顎にある毒牙。注射針のような構造をしており、先端にいくにしたがって細くなっている。針状の先端部には前方を向いて毒の出てくる穴が開いている。相手に咬み付くときは口を大きく開けて、たたまれている毒牙を起こして針を打ち込むようにする（U）

トカゲなどさまざまな小型脊椎動物を食べる。総排出口には独特の臭い匂いを出す臭腺があり、捕食者に襲われたりすると排出する。

肉を食用にすることもあるが、マムシの皮や乾燥肉、粉末、または１匹丸ごとを酒に漬け込むなどした「まむし酒」が全国各地で民間療法として伝わり、利用されている。これはハブ酒の場合も同様だが、古来から毒蛇の強靱な生命力にあやかり、これを食すれば心身の強壮に効果があるとされたからである。

# ツシママムシ

**学名** *Gloydius tsushimaensis* **漢字名** 対馬蝮
**英名** Tsushima mamushi

草原の開けたところで日光浴をしていたツシママムシの成蛇 3月 対馬（M）

昼間、林道を移動するツシママムシの幼蛇。地面の上の枯れ葉と見分けがつかない 5月 対馬（S）

ツシママムシの生息環境 3月 対馬（M）

**大きさ** 全長40～60cm
**分布・生息環境** 対馬に分布している。森林や田畑、渓流沿いのガレ場に多く生息する。
**特徴** 背面は褐色の地に、ニホンマムシに比べてやや小さい楕円形の模様が非対称に並ぶ。模様の真ん中には暗色斑がなく、いわゆる銭形紋をもたない。全体的な色彩がやや淡い。ニホンマムシの舌が黒色なのに対して本種はピンク色である。

水田などの湿ったところを好み、山頂付近や夜間路上で目にする機会が多い。ニホンマムシに比べ神経質で、攻撃的である。生態はニホンマムシとほぼ同じと思われるが、本土に比べて生息密度が高いので、山道では注意が必要である。

# サキシマハブ

**学名** *Protobothrops elegans* **漢字名** 先島波布
**英名** Sakishima habu

サキシマハブの成蛇。オオハナサキガエルの産卵場にいつもいる個体　6月　石垣島（M）

**大きさ**　全長60～120cm

**分布・生息環境**　八重山諸島に分布する。ただし与那国島、波照間島には見られない。近年、沖縄島の南部と中部に移入され定着した。山地から人家のまわりまで広く生息する。

**特徴**　体形はややずんぐりしており、頭部は三角形。背面は灰褐色の地に暗色の斑紋がジグザグに連なり、尾までの縦条となる場合が多い。色彩の変異は大きく、模様が不明瞭なものも見られる。ハブよりも小型で性質もおだやかである。毒も弱く、咬まれても致命傷とはならない。

夜行性で、夜間に車で走っていると、道路を横断している個体を目撃することもある。昼間は倒木の下や藪などの根元、岩の隙間などに潜んでいる。地上で見かけることが多いが、木に登ることもある。小型の哺乳類やカエル、トカゲなどさまざまなものを食べる。

色素が少し欠けている個体　9月　石垣島産（S）

西表島で観察した個体は、３日間、毎日特定の同じ場所でとぐろを巻いて、餌動物を待ち伏せしていた。おそらくカエルなどがよく出没する場所であったり、ネズミなどの通り道だったと思われる。

卵生で、７月に５～13個の卵を産む。

**類似種との識別**　よく似た種は同所的に生息しないが、ハブとは背中の斑紋が異なること、体形がややずんぐりしていること、胴体中央の体列鱗数が23～25でハブより10枚ほど少ないことで区別できる。

# ハブ

**学名** *Protobothrops flavoviridis* **漢字名** 波布
**英名** Habu

沢の中にいた動きの活発なハブ　4月　沖縄島（M）

**大きさ**　全長100～200cm
**分布・生息環境**　奄美諸島、沖縄諸島に分布するが、喜界島、沖永良部島、与論島、粟国島、伊是名島などには見られない。山地から民家の周辺、人家にまで入ってくる。地上から樹上まで幅広い環境に生息する。
**特徴**　体はスマートで細長いが、頭部は長三角形で大きく目立つ。最大で240cmを超える。眼と鼻の間には感覚器であるピット器官がある。黄褐色の地に黒褐色の斑紋が複雑に入るが、色彩の変異は大きい。腹面は白い。

現地では、全身が黄色っぽく斑紋があまり目立たないものを「金ハブ」、赤および黄色の色素が欠乏し斑紋だけが残ったものを「銀ハブ」と呼び、他にも「赤ハブ」「黒ハブ」などと色によって区別することがある。また、島ごとの色彩型も知られ、久米島では背面の正中線付近に限って斑紋が見られるものが多い。

性質にも島による差があるといわれ、徳之島の個体が最も攻撃性が高いとされる。実際にハブ咬症人口も徳之島が最も多い。

毒性そのものはマムシよりもかなり弱いが、咬まれた際に注入される毒量が多く、何よりも性質が非常に攻撃的であることから、長い間、島民に恐怖を与えてきた。体が細長く柔軟で、全長の半分くらいまでの長さが射程距離となる。そして威嚇行動なしでいきなり咬むこと、地上から樹上まで立体的に行動することなど、危険なヘビとしての条件を十分に満たしている。

夜行性であるが、曇った日や小雨のときなどには昼間にも活動する。餌はネズミ類がほとんどであるが、鳥やカエル、

斑紋がきれいな久米島産ハブ。木の上で休んでいる　7月　久米島（M）

ヘビなども食べ、変わったところではアマミノクロウサギやネコ（イエネコ）、オオウナギなどが食べられていた例もある。幼蛇はトカゲなどの爬虫類や小型の哺乳類を主に食べる。

雄のほうがより大きくなる。4月前後に交尾を行い、この時期に雄同士のコンバットが見られることもある。産卵は7～8月に行われ、3～17個の卵を産み、雌は抱卵する。卵は約45日で孵化するが、生まれたときにすでに毒が備わっている。

冬眠はせず、一年中活動するが、気温の低下する12～2月には動きが鈍くなる。人間の居住区に侵入するのはネズミを求めてであり、ネズミの多い農耕地での咬症事故が最も多い。不幸にも咬まれてしまったら、毒牙による出血跡から注入された毒を絞り出すか吸い出して、必ず病院で抗毒血清治療を受けることが大切である。本種もマムシのように、1匹丸ごとを酒に漬けた「ハブ酒」や皮を使った製品などにして利用されている。

近年は現地の人でさえめっきりハブを見なくなったというが、撮影のために夜間、森の奥や渓流沿いなどに入る場合、どうしてもハブの恐怖と戦うことになる。相手よりもこちらが先に見つけなければ絶対に危ないので、1歩1歩緊張して歩いていくことになる。比較的開けた場所ならよいが、樹木の生い茂るところでは木に登っていることも少なくないので、足元にも枝の上にも目を配らなければならない。真夏でも長袖、長ズボン、長靴で帽子をかぶり、首にタオルを巻くため全身汗でびしょびしょとなるが、その中には恐怖のための「冷や汗」も混じっているのである。

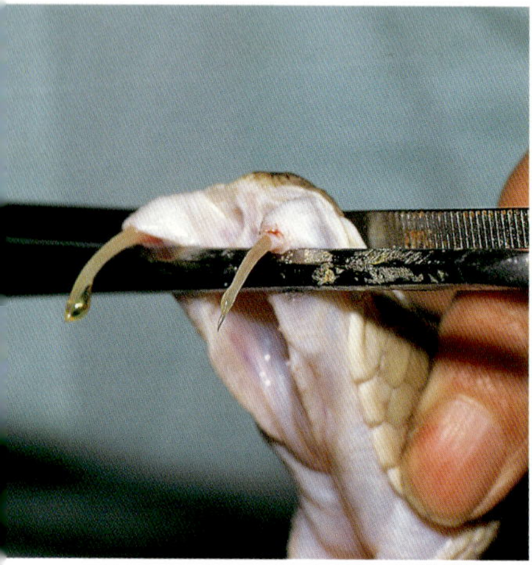

ハブの毒牙もマムシと同じく上顎にあり、注射針のような構造になっている。ただしマムシに比べて頭部が大きく毒の量も多いことから、咬まれれば致命傷となることもある（U）

眼が白いタイプのハブ　8月　徳之島（M）

道路にいたのに気付かず踏みつけてしまったら、草むらに逃げてとぐろを巻いた　5月　渡嘉敷島（M）

夜の森にいた中型のハブ　5月　伊平屋島（M）

林道の端にいることが多い　4月　奄美大島（M）

## Topics　マムシ、ハブの熱センサー（ピット器官）

マムシやハブの顔をよく観察すると、眼と鼻の間にスリット状の穴が見える。これがピット器官と呼ばれるもので、その中にはピット膜が吊り下がっている。ピット膜は、眼でいえば網膜のような働きをし、微妙な赤外線の波長を感知できる。つまり、彼らは本来の眼（可視光線を感知）と赤外線を感知する眼（ピット器官）との両方で物を見ることができるようになっている。その精度は素晴らしく、獲物を捕らえるときに有効だ。

目と鼻の間にピット器官がある（M）

# トカラハブ

**学名** *Protobothrops tokarensis*　**漢字名** 吐噶喇波布
**英名** Tokara habu

トカラハブ　3月　飼育個体（S）

灰色の淡色タイプのトカラハブ（U）

**大きさ**　全長60～100cm、最大150cm

**分布・生息環境**　吐噶喇列島の宝島・小宝島に分布する。ハブ同様、さまざまな環境に生息する。

**特徴**　形態的にはハブによく似るが、より小型で多くが1mに満たない。背面の斑紋はハブほど複雑でなく単純で、灰色や薄茶の褐色の地に小さな楕円形の模様が交互に並ぶ。全身が黒褐色のタイプと淡色のタイプの2型が存在し、黒褐色型の割合が非常に高い。山地から人家周辺などさまざまな環境に生息し、地上から木の上まで見られる。トカゲ、カエル、ネズミなどを食べる。ハブ同様卵生で、7～8月に2～7個の卵を産む。毒は弱く致命的とはならない。〔準絶滅危惧（NT）〕

# タイワンハブ

**学名** *Protobothrops mucrosquamatus*　**漢字名** 台湾波布
**英名** Taiwan habu

タイワンハブ。沖縄島中部でも数匹が見つかっている　飼育個体（S）

**大きさ**　全長80～130cm

**分布・生息環境**　台湾・中国から東南アジア北部に分布する。沖縄島の名護付近に移入され定着した。本来の分布域では、平地から山地まで幅広い環境に生息している。

**特徴**　斑紋や色彩はサキシマハブによく似るが、体形は細く、この点ではハブに似る。しかしハブより小型で、性質もハブほど攻撃的ではない。基本的な生態はハブやサキシマハブに似る。

本種が沖縄で初めて発見されたのは1993年であるが、その後定着が確認された。ハブとの交雑が進んでいるが、万が一、ハブとの雑種に咬まれた場合には、ハブ抗毒血清を多く使う必要がある。

# ヒメハブ

**学名** *Ovophis okinavensis* **漢字名** 姫波布
**英名** Himehabu

渓流の岩の上で休むヒメハブの成体 4月 沖縄島（M）

**大きさ** 全長30～80cm
**分布・生息環境** 奄美諸島、沖縄諸島の沖縄島、伊平屋島、伊江島、久米島、渡嘉敷島などに分布し、喜界島、沖永良部島、与論島、粟国島などには分布しない。山地から平野などの水辺に生息する。
**特徴** 背面は褐色の地に暗色の角張った斑紋が並ぶ。色彩は個体差が激しく、赤褐色、黒褐色、灰褐色などさまざまなものが見られる。体形はずんぐりと太短く、頭部は三角形で、吻部は平たく扁平する。尾は短く極端に細くなる。山地の森林から丘陵などの川の近くを好み、水田でもよく目にする。

夜行性で主にカエル類を餌にするが、小型の哺乳類、鳥類、爬虫類などさまざまな脊椎動物を食べる。渓流や川の近くでは、特定の場所でとぐろを巻いた状態でカエルなどを待ち受ける姿が目撃される。水田などでは、泥に少しだけ体を沈ませていることもある。地上性で動きは鈍く、踏み付けたりしなければ咬まれることはほとんどない。万が一咬まれても、毒は弱いので致命的になることはない。

人家の玄関前にいたヒメハブ 5月 渡嘉敷島（M）

7～8月に3～16個の薄い膜に包まれた卵を産むが、わずか1～2日で孵化してしまう。そのため胎生とみなす意見もある。メスは抱卵を行う。

本種は、正体不明のバチヘビこと「ツチノコ」に最も体形的に似ている動物といわれる。

リュウキュウアカガエルをくわえるヒメハブ。カエルの産卵期には、寒い時期でも姿を現す　12月　沖縄島（M）

土と見まがう体色　奄美大島（U）

雨の中、水辺で獲物を待つ　3月　渡嘉敷島（S）

渓流の苔の上でとぐろを巻くヒメハブ　5月　奄美大島（M）

# 外国産クサリヘビ科

**クマドリマムシ** *Agkistrodon bilineatus* アメリカマムシ属
分布：メキシコ中部〜コスタリカ　全長：60〜100cm
乾いた林や草原などに生息する。毒は強くない。(U)

**ヌママムシ** *Agkistrodon piscivorus* アメリカマムシ属
分布：米の東部〜南部　全長：70〜120cm
最大で190cmに達する大型のマムシ。毒は強く危険。(U)

**カパーヘッド** *Agkistrodon contortrix*
アメリカマムシ属
分布：米〜メキシコ　全長：50〜90cm
水辺から林まで広く分布する。毒は強くない。(U)

**サンガクマムシ** *Agkistrodon saxatilis*
アメリカマムシ属
分布：朝鮮半島、中国、ロシア　全長：50〜80cm
林縁や山地などに生息する。毒は強くない。(U)

**ムラサキハブ** (*Trimeresurus purpureomaculatus* ハブ属)
分布：タイ、ミャンマー、マレー半島、スマトラなど
全長：60〜100cm　色彩には2つのタイプがある。
毒は強くない。(U)

**ビルマアオハブ** (*Trimeresurus erythrurus* ハブ属)
分布：インド、バングラデシュ、ミャンマー
全長：50〜100cm
この仲間には同じような色彩のものが少なくない。
毒は強くない。(U)

# わかりやすい識別点

## ベッコウサンショウウオとブチサンショウウオ

ベッコウサンショウウオは本州には生息していないが、九州ではブチサンショウウオの生息域に隣接している。両種の違いは体色による。しかし変異も大きく、ベッコウ色のないベッコウサンショウウオ、銀白色の斑紋のないブチサンショウウオも出現するので、数個体を観察してみること。

**■分布域**

**ベッコウサンショウウオ**

阿蘇山と霧島山に挟まれた九州中央山地

**ブチサンショウウオ**

本州西南部（紀伊半島と中国地方）、四国および九州の山地

ベッコウサンショウウオ（N）

ブチサンショウウオ（N）

## ハコネサンショウウオの幼生とヒダサンショウウオの幼生

ハコネサンショウウオの幼生（N）

ヒダサンショウウオの幼生（N）

ともに流水性のサンショウウオだが、ハコネサンショウウオのほうがより流れに適した体形をしており、指先の爪の発達もよく、あしの後ろ側はひれ状になっている。混生している場合、ハコネサンショウウオのほうが上流にすんでいる。

**■分布域**

**ハコネサンショウウオ**：本州、四国

**ヒダサンショウウオ**：関東（埼玉県、東京都）・中部・北陸・近畿・山陰に多い

## シリケンイモリとイボイモリ

シリケンイモリ（M）

イボイモリ（M）

体色も体形も似ているが、イボイモリの腹は肋骨が張りだしていてギザギザになっていることで識別できる。

**■分布域**

**シリケンイモリ**：奄美大島・沖縄島・渡嘉敷島

**イボイモリ**：奄美大島・徳之島・沖縄島・渡嘉敷島

# わかりやすい識別点

## ニホンヒキガエルとナガレヒキガエル

ニホンヒキガエル（M）

ナガレヒキガエル（M）

ニホンヒキガエルの鼓膜ははっきりと見えるが、ナガレヒキガエルの鼓膜は不明瞭である。

**■分布域**

**ニホンヒキガエル**

本州の近畿以西、四国・九州、壱岐島、五島列島、屋久島、種子島および東日本の一部

**ナガレヒキガエル**

本州の中部地方西部と近畿地方

## ニホンアマガエル、シュレーゲルアオガエル、モリアオガエル

ニホンアマガエル（M）

シュレーゲルアオガエル（M）

モリアオガエル（M）

本州で見られる3種の緑色のカエルだが、ニホンアマガエルは目から鼻先にかけて黒い線が通っていて、小型で鼻先が短く背中が滑らか。またシュレーゲルアオガエルは瞳孔のまわりががはっきりと黄色く、背中が滑らかで、斑紋が出る場合は黄色い点となる。モリアオガエルは瞳孔の周縁部が赤みを帯びた黄色で、やや大型。背にはやや凸凹があり、赤褐色の斑紋が出る。

**■分布域**

**ニホンアマガエル：** 北海道、本州、四国、九州、佐渡島、隠岐島、壱岐島、対馬、大隅諸島

**シュレーゲルアオガエル：** 本州、四国、九州、五島列島

**モリアオガエル：** 本州、佐渡島

## アマミアオガエル、ハロウェルアマガエル、オキナワアオガエル

アマミアオガエル（M）

ハロウェルアマガエル（M）

オキナワアオガエル（M）

ハロウェルアマガエルの鼻先は他の２種に比べて短く、すとんと切ったような感じである。アマミアオガエルとオキナワアオガエルは鼻先が尖っているが、この２種を同所で見ることはない。またアマミアオガエルの瞳孔周縁部は緑色が強い。

**■分布域**

**アマミアオガエル：** 奄美大島、徳之島

**ハロウェルアマガエル：** 喜界島、奄美大島、加計呂麻島、請島、徳之島、与論島、沖縄島、西表島（?）などの南西諸島

**オキナワアオガエル：** 沖縄島、伊平屋島、久米島

# わかりやすい識別点

## ニホンアカガエルとヤマアカガエル

ニホンアカガエル（U）

ヤマアカガエル（U）

目の後ろからのびている背と腹側の境界線が、ニホンアカガエルではまっすぐだが、ヤマアカガエルでは鼓膜の後ろでV字に曲がっている。

**■分布域**
**ニホンアカガエル**：本州、四国、九州、隠岐、大隅諸島、八丈島
**ヤマアカガエル**：本州、四国、九州、佐渡島

## チョウセンヤマアカガエルとツシマアカガエル

チョウセンヤマアカガエル（M）

ツシマアカガエル（M）

ツシマアカガエルのほうが体形が小さいが、上くちびるが白っぽいことで区別がつく。

**■分布域**
**チョウセンヤマアカガエル**：対馬
**ツシマアカガエル**：対馬

## タゴガエルとナガレタゴガエル

タゴガエル（M）

ナガレタゴガエル（M）

タゴガエルのほうが後ろあしのみずかきが小さい。ナガレタゴガエルのみずかきは指先に近いところから始まっていて、面積も広い。

**■分布域**
**タゴガエル**：本州、四国、九州
**ナガレタゴガエル**：近畿、中部、関東、北陸

# わかりやすい識別点

## ナゴヤダルマガエル、トノサマガエル、トウキョウダルマガエル

ナゴヤダルマガエル（M）

トノサマガエル（M）

トウキョウダルマガエル（M）

トノサマガエルの斑紋はつながっているが、他の2種は独立している。またトウキョウダルマガエルは背に縦線が入る。

**■分布域**

**ダルマガエル**：中部地方南部、東海、近畿地方中部、瀬戸内海地方

**トノサマガエル**：本州（関東平野、仙台平野を除く）、四国、九州、北海道の一部

**トウキョウダルマガエル**：関東平野、仙台平野、新潟県と長野県の一部、北海道の一部

## ツチガエル、ヌマガエル、カジカガエル

ツチガエル（M）

ヌマガエル（M）

カジカガエル（M）

どれも地味な体色だが、ツチガエルの体の表面にあるいぼは大きくごつごつとした感じで、臭い匂いを出す。ヌマガエルは全体が丸っこくていぼは少なめ。のどに鳴囊が2つある。カジカガエルは全体が細長く頭部が平らで、体表面全体が滑らかである。

**■分布域**

**ツチガエル**：北海道西部、本州、四国、九州、佐渡島、隠岐島、壱岐島、五島列島など

**ヌマガエル**：本州中部以西、四国、九州、先島諸島を除く南西諸島、千葉県・栃木県・神奈川県の一部。

**カジカガエル**：本州、四国、九州

## コガタハナサキガエルとオオハナサキガエル

コガタハナサキガエル（M）

オオハナサキガエル（M）

オオハナサキガエルのほうが大きいが、一般に背中が滑らかなことでも区別できる。

**■分布域**

**コガタハナサキガエル**：石垣島、西表島

**オオハナサキガエル**：石垣島、西表島

# わかりやすい識別点

## ホルストガエルとナミエガエル

ホルストガエル（M）

ナミエガエル（M）

ホルストガエルの目の瞳孔部分は円形に近いが、ナミエガエルのそれは菱形である。

**■分布域**
**ホルストガエル**：沖縄島、渡嘉敷島
**ナミエガエル**：沖縄島北部

## ヤエヤマハラブチガエルとサキシマヌマガエル

ヤエヤマハラブチガエル（M）

サキシマヌマガエル（M）

ヤエヤマハラブチガエルは鼻先から目の下を通って前足の付け根まで白い線があり、鼓膜の周辺が茶色である。サキシマヌマガエルの鼓膜の周辺は体の模様と同じ。

**■分布域**
**ヤエヤマハラブチガエル**：石垣島、西表島
**サキシマヌマガエル**：先島諸島

## アイフィンガーガエルとリュウキュウカジカガエル

アイフィンガーガエル（M）

リュウキュウカジカガエル（M）

アイフィンガーガエルは樹上にいることが多く、リュウキュウカジカガエルに比べて後ろ足が短い。またみずかきの発達も悪い。

**■分布域**　**アイフィンガーガエル**：石垣島、西表島
**リュウキュウカジカガエル**：吐噶喇列島・口之島以南の南西諸島

# わかりやすい識別点（鳴き方の違い）

アズマヒキガエル（M）

鳴嚢をもたず、鳴くことはできるが、のどをふるわす程度で大きな鳴き声は出せないもの。アズマヒキガエル、ニホンアカガエル、ツシマアカガエルなどに代表される。

カジカガエル（M）

ヌマガエル（M）

のどの下にある2つに分かれた鳴嚢をふくらませて鳴くもの。カジカガエル、ヌマガエルに代表される。

**★雌が鳴く場合**

普通、雌は鳴かないが、天敵に襲われたときや、非繁殖期に抱きつかれたときなどには、鳴き声を発することがある。

ヤマアカガエル（M）

口角のあごにある1対の鳴嚢をふくらませて鳴くもの。ヤマアカガエル、トノサマガエル、ナミエガエルなどに代表される。

ニホンアマガエル（M）

ツチガエル（M）

シュレーゲルアオガエル（M）

のどの下にある単一の鳴嚢を大きくふくらませて鳴くもの。ニホンアマガエル、ツチガエル、シュレーゲルアオガエルなどに代表される。

# わかりやすい識別点

## イシガキトカゲとキシノウエトカゲ

イシガキトカゲ（S）

キシノウエトカゲ（S）

キシノウエトカゲでは体側の淡黄色の線条が頸のあたりで分断され、頸の横の白線がばらばらになっているが、イシガキトカゲでは連続している。

**■分布域**
**イシガキトカゲ**：八重山諸島
**キシノウエトカゲ**：宮古諸島、八重山諸島

## オオシマトカゲ、バーバートカゲ、オキナワトカゲ

オオシマトカゲ（M）

バーバートカゲ（M）

オキナワトカゲ（S）

オキナワトカゲは黒っぽい線条が尾の半分以上に達しているが、オオシマトカゲでは1／3に達しない。またオキナワトカゲはバーバートカゲよりも白っぽく、バーバートカゲは幼体の尾の青色がオキナワトカゲやオオシマトカゲよりも鮮やかである。

**■分布域**
**オオシマトカゲ**：宝島、小宝島、喜界島、奄美大島、徳之島、沖永良部島、与論島
**バーバートカゲ**：沖縄島、渡嘉敷島、久米島、伊平屋島、奄美大島、加計呂麻島、与路島、請島、徳之島
**オキナワトカゲ**：沖縄諸島

## ニホンカナヘビとニホントカゲ

ニホンカナヘビ（S）

ニホントカゲ（S）

ニホンカナヘビの胴部はキールのあるかさついたうろこでおおわれているが、ニホントカゲの胴部は光沢があり、つやつやしている。

**■分布域**
**ニホンカナヘビ**：北海道、本州、四国、九州とその周辺諸島と屋久島、種子島、中之島、諏訪之瀬島など
**ニホントカゲ**：北海道、本州、四国、九州とその周辺諸島（対馬、伊豆諸島は除く）

# わかりやすい識別点

## アオダイショウの幼蛇とマムシの幼蛇

アオダイショウの幼蛇にははしご型の斑紋が並ぶのでマムシの幼蛇と間違えられやすいが、マムシの幼蛇は成蛇とほぼ同じような楕円形の紋（銭形紋）をもっている。

**■分布域**
**アオダイショウ・マムシ**：北海道、本州、四国、九州とその周辺諸島、伊豆諸島、壱岐島など

## ヤマカガシの幼蛇とヒバカリ

どちらも頸部に目立つ黄色い横帯があるので間違えられやすいが、ヒバカリのほうは口角から頸部にかけて斜めに淡黄色の帯がある。ヤマカガシの幼蛇は頸の部分が黄色く、腹側も黄色みが強い。

**■分布域**
**ヤマカガシ**：本州、四国、九州のほか佐渡島、隠岐島、壱岐島、五島列島、屋久島、種子島など
**ヒバカリ**：本州、四国、九州、佐渡島、隠岐島、壱岐島、五島列島など

## シマヘビとヤマカガシの黒っぽい個体

シマヘビにもヤマカガシにも体色が黒っぽいものが現れるので見間違われやすいが、ヤマカガシのうろこには明瞭にキールが見られる。

**■分布域**
**シマヘビ**
北海道、本州、四国、九州のほか国後島、佐渡島、伊豆諸島、大隅諸島、隠岐島など
**ヤマカガシ**
本州、四国、九州のほか佐渡島、隠岐島、壱岐島、五島列島、屋久島、種子島など

# 和名索引

＊いわゆる標準和名が主だが、本文に記載された地方名・別名も一部収載している。**太字**は項目のページを表す。

### ■マ－モ



### ■ヤ－ヨ



### ■ラ－ロ



### ■ワ

# 学名索引

# 参考文献


愛知県環境部自然環境課編 2002 **レッドデータブックあいち動物編** 愛知県 愛知
愛知県農地林務部自然保護課編 1996 **愛知県の両生類・は虫類** 愛知県 愛知
秋田喜憲 1982 **宝達産のサンショウウオ** 私家版 石川県
秋田喜憲 1983 **赤倉山産アベサンショウウオの全長と頭長、胴長、尾長の相関** 両生爬虫類研究会誌 25 両生爬虫類研究会 新潟
荒俣宏 1989 **世界大博物図鑑 2 魚類** 平凡社 東京
荒俣宏 1990 **世界大博物図鑑 3 両生・爬虫類** 平凡社 東京
アーンスト, カール・H., ズック, ジョージ・R. 岩村恵子訳 1999 **最新ヘビ学入門 90の疑問** 平凡社 東京
池原貞雄監修 1998 **いらぶの自然—動物編** 伊良部町 沖縄
池原貞雄・与那城義春・宮城邦治・当山昌直 1984 **琉球列島動物図鑑 1 陸の脊椎動物** 新星図書出版 沖縄
石川県両生爬虫類研究会編 1996 **石川県の両生・爬虫類** 石川県環境部自然保護課 石川
上野輝彌・坂本一男 1999 **魚の分類の図鑑** 東海大学出版会 東京
浦田明夫・國分英俊 1999 **対馬の自然—対馬の自然といきものたち** 杉屋書店 対馬
浦田明夫 1993 **対馬の野生たち 国境の島に生きる** 対馬生物研究会 対馬
大分生物談話会編 1981 **大分の生物** 大分合同新聞社 大分
大阪市立自然史博物館編 1989 **第16回特別展解説書 日本の両生類と爬虫類** 大阪市立自然史博物館 大阪
大阪市立自然史博物館編 1982,1983,1990 **Nature Study** 大阪市立自然史博物館 大阪
太田英利・高橋健 1997 **ミヤコヒバァの伊良部島からの記録** 沖縄生物学会誌 35 沖縄
太田英利 1995 **琉球列島における爬虫・両生類の移入** 沖縄島嶼研究 13 沖縄
沖縄環境分析センター編 2001 **平良市の保全種および保全林** 平良市 沖縄
沖縄両生爬虫類研究会編 1993,1995,1996,1998 **AKAMATA** 沖縄両生爬虫類研究会 沖縄
小原秀雄ほか編著 2000 **レッド・データ・アニマルズ 動物世界遺産 4 インド、インドシナ** 講談社 東京
小原秀雄ほか編著 2000 **レッド・データ・アニマルズ 動物世界遺産 5 東南アジアの島々** 講談社 東京
嵩原建二・当山昌直・小浜継雄・幸地良仁・知念盛俊・比嘉ヨシ子 1997 **沖縄の帰化動物** 沖縄出版 沖縄
蒲谷鶴彦・前田憲男 1994 **山溪CDブックス 6 声の図鑑 蛙の合唱** 山と溪谷社 東京
川道美枝子・岩槻邦男・堂本暁子編 2001 **移入・外来・侵入種——生物多様性を脅かすもの** 築地書館 東京
環境省自然環境局 生物多様性センター 2001 **生物多様性調査——動物分布調査(両生類・爬虫類)報告書** 自然環境研究センター 東京
環境庁自然保護局野生生物課編 2000 **改訂・日本の絶滅のおそれのある野生生物 レッドデーターブック 3 爬虫類・両生類** 自然環境研究センター 東京
環境庁編 1982 **日本の重要な両生類・は虫類の分布** 環境庁 東京
紀伊半島ウミガメ情報交換会・日本ウミガメ協議会編 1999 **ウミガメは減っているか—その保護と未来** 紀伊半島ウミガメ情報交換会 和歌山
京都の動物編集委員会編 1986 **京都の動物 1 哺乳類・鳥類・爬虫類・両生類** 法律文化社 京都
久保敬親・中川雄三・前田憲男・沼田研児 2001 **ヤマケイポケットガイド 24 日本野生動物** 山と溪谷社 東京
桑原一司 2000 **のんびり瑞穂** 瑞穂町教育委員 島根
香原知志 2000 **ウミガメの旅 太平洋2万キロ** ポプラ社 東京
鮫島正道 1995 **東洋のガラパゴス—奄美の自然と生き物たち** 南日本新聞社 鹿児島
滋賀県琵琶湖環境部自然保護課編 2000 **滋賀県で大切にすべき野生生物 2000年版** 滋賀県琵琶湖環境部自然保護課 滋賀
下地邦輝編 2001 **宮古島の自然と水環境—おきなわ自然環境ガイドブック3** 沖縄環境クラブ 沖縄
週刊朝日百科 1993 **動物たちの地球 100〜106** 朝日新聞社 東京
菅野宏文・内山りゅう・水越秀宏 1997 **爬虫類・両生類200種図鑑** ピーシーズ 東京
千石正一監修 長坂拓也編著 1996 **爬虫類・両生類800種図鑑** ピーシーズ 東京
千石正一編 1979 **原色両生・爬虫類** 家の光協会 東京
千石正一・疋田努・松井正文・仲谷一宏編 1996 **日本動物大百科 5 両生類・爬虫類・軟骨魚類** 平凡社 東京
竹田俊雄 1982〜1984 **羽咋産アベサンショウウオ(ホクリクサンショウウオ)の調査報告 第4集〜第6集** 羽咋市 石川
田中聡 1988 **沖縄の自然百科23 トカゲの世界** 沖縄出版 沖縄
中村健児・上野俊一 1972 **原色日本両生爬虫類図鑑** 保育社 大阪
中本英一 1989 **ハブに強くなろう!** 奄美観光ハブセンター 鹿児島
中本英一 1990 **毒蛇・無毒蛇の見分け方** 奄美観光ハブセンター 鹿児島
饒平名里美・当山昌直・安川雄一郎・陳賜隆・高橋健・久貝勝盛 1998 **宮古諸島における陸棲爬虫両生類の分布について** 平良市総合博物館紀要 5 沖縄
橋本正雄 1991 **北海道東部 釧路湿原におけるキタサンショウウオの移転について** 釧路市立博物館紀要 16 北海道
疋田努 2002 **爬虫類の進化** 東京大学出版会 東京
比婆科学教育振興会編 1996 **広島県の両生・爬虫類** 中国新聞社 広島
福井県自然環境保全調査研究会編 1985 **福井県の両生類・爬虫類・陸産及び淡水産貝類目録** 福井県 福井
北海道サンショウウオ研究会編 1987 **北海道のサンショウウオ** 北海道サンショウウオ研究会 北海道
前田憲男・松井正文 1999 **改訂版 日本カエル図鑑** 文一総合出版 東京
益田一ほか編 1984 **日本産魚類大図鑑** 東海大学出版会 東京
松井孝爾 1985 **自然観察シリーズ 22 日本の両生類・爬虫類** 小学館 東京
松井正文監修 2001 **遺伝的多様性とは** 環境省自然環境局生物多様性センター 山梨
松尾公則 1989 **長崎県の生物 長崎県の両生・爬虫類** 長崎県生物会 長崎
安川雄一郎 2001 **ミナミイシガメとその近縁種の分類(前編)** クリーパー 5 クリーパー社 東京
野津大 1983 **隠岐の生物** 読売新聞松江支局 島根

向高世・林松霖 2001 **自然生活情報系列13 台湾蜥蜴自然誌** 大樹 台湾

**FAO Species Catalogue vol.11 Sea Turtles of the World** 1990 FAO, Rome
Ota, Hidetoshi and Iwanaga, Setsuko 1997 **A Systematic review of the snakes allied to *Amphiesma pryeri*** (Boulenger) (Squamata : Colubridae) in the Ryukyu Archipelago, Japan Zoological Journal of the Linnean Society 121, Okinawa
Ota, Hidetoshi, Szu-Lung Chen, Jun-Tsong-Lin and Michihisa Toriba 1999 **Taxonomic status of the Taimanese populations of *Rhabdophis tigrinus* (Squamata : Colubridae) : Morphological and Karyological assessment** Japanese Journal of Herpetology 18 Herpetological Society of Japan, Kyoto
Slowinski, J. B., J. Boundy & R. Lawson 2001 **The phylogenetic relationships of Asian coral snakes (Elapidae : *Calliophis* and *Maticora*) based on morphological and molecular characters** Herpetologica 57 Herpetologists League, Emporia, USA

# おわりに

「日本産の両生類・爬虫類図鑑はリスクが大きい……」。出版社の間では、長いこと、そう言われ続けてきた。ペットとして輸入される外国産種に比べて、どちらかといえば地味なものが多い日本産種に対しては、そんな評価が大方のものであったようだ。さらに、両生類・爬虫類に対する一般的な負のイメージも、この手の図鑑が発刊されにくかった一因であったように思う。われわれ写真を撮る者にとっても、一般的な発表の場は極端に少なかった。

しかし近年、環境の重要な指標種となること、生態系のなかで重要な位置を占めることなどが認識されるにともない、これらの図鑑の重要性を認めてくださる方々も出てきた。そして本書をご覧になれば、両生類・爬虫類の魅力が理屈抜きでおわかりいただけるはずである。

本書を制作するにあたって、撮影には膨大な時間と労力がかかり、執筆にはたいへん多くの情報が必要であった。今、あらためて本書に収められている写真を眺め、文章を読み返してみると、その一つ一つにお世話になった方々の顔が浮かんでくる。心から感謝申し上げる。

本書は、当初、フィールド情報を伝える意味からも、各著者が分野ごとに分担して執筆していた。しかしながら学術的分類の問題などもあり、ある程度の段階で、各著者が普段親しくさせていただいている研究者の方々にご意見を頂戴し、また原稿のチェックまでお願いすることになった。カエル類では慶應義塾大学の福山欣司氏、ウミガメ類では串本海中公園センターの宮脇逸朗氏、カメ類では愛知学泉大学の矢部隆氏、トカゲ類では京都大学の疋田努氏、ヘビ類では日本蛇族学術研究所の鳥羽通久氏にお世話になった。またサンショウウオ類の分類については京都大学の松井正文氏に貴重なご意見を頂戴した。本来ならば、順序の異なる失礼なお願いにも関わらず、快く引き受けてくださったことに、あらためて厚く御礼申し上げる次第である。

また、写真に関しても、最後まで我々だけでは間に合わなかったものについては、多くの方々にたいへん貴重な写真をご提供いただいた。琉球大学の太田英利氏・佐藤寛之氏・増永元氏、日本ウミガメ協議会の亀崎直樹氏、神奈川県在住のの塚越香氏、長崎県立西彼農業高校の松尾公則氏、西表野生生物保護センターの松本千枝子氏、串本海中公園センターの宮脇逸朗氏、西表島の矢野維幾氏、久米島ウミガメ館の山崎幸一氏にお世話になった。皆様に厚く御礼申し上げたい。

著者一同

# 協力者一覧・機材リスト

**【協力**（五十音順）**】**
**鳥羽通久**（日本蛇族学術研究所）
**疋田努**（京都大学理学部動物学教室）
**福山欣司**（慶應義塾大学経済学部）
**松井正文**（京都大学大学院人間環境学研究科）
**宮脇逸朗**（串本海中公園センター）
**矢部隆**（愛知学泉大学コミュニティー政策学部）

**【取材・撮影協力**（五十音順）**】**
荒木克昌（富山県動物生態研究会）
飯村茂樹（写真家）
池田純（埼玉県）
市川憲平（姫路市立水族館）
稲村修（魚津水族館）
今村淳二（ビタリング）
植木允克（国民宿舎小倉山山荘）
内田舒雄（トロピカルペットアイランド）
宇都宮妙子（広島市）
宇都宮泰明（広島市）
遠藤眞樹（滋賀虫の会）
太田英利（琉球大学熱帯生物圏研究センター）
大谷勉（沖縄こどもの国爬虫類園）
懸川雅市（東京都立八潮高等学校）
亀崎直樹（日本ウミガメ協議会）
川内一憲（福井県）
義憲和（伊仙町立歴史民族資料館・徳之島）
岸元（宮崎）ますみ（長野市）
小谷一夫（千葉県）
小林茂之（千葉県）
後籐清（南部町ウミガメ研究班）
坂本真理子（環境調査研究所・熊本県）
左近弘之（三重県）
佐々木健志（琉球大学資料館）
佐藤眞一（大分市）
佐藤寛之（琉球大学大学院理工学研究科）
佐藤文保（久米島ホタル館）
高橋宏典（東京都）
竹田俊雄（ホクリクサンショウウオ研究室）
竹盛洋一（竹盛旅館・西表島）
田中昭太郎（日本甲虫学会）
玉井済夫（南紀生物同好会）
千木良芳範（沖縄県公文書館）
通事太一郎（日本ウミガメ協議会）
塚越香（神奈川県）
寺田考紀（沖縄県衛生環境研究所ハブ研究室）
当山昌直（沖縄県公文書館）
中井克樹（滋賀県立琵琶湖博物館）
中川雄三（写真家・山梨県）
長坂拓也（江戸川区自然動物園）
長澤武（アルプス自然研究所）
中田里美（沖縄県名護市）
中林成広（北海道両棲爬虫類研究所）
南部久男（富山市科学文化センター）
西井信義（神奈川県）
沼沢健則（茨城県）
沼沢マヤ（茨城県）
長谷川巖（武生市立王子保小学校）
長谷川雅美（東邦大学理学部生物学教室）
服部正策（東京大学医科学研究所・奄美大島）
林光武（栃木県立博物館）
久永利一（奄美大島）
平山廉（帝京平成大学）
福田保（富山県動物生態研究会）
藤吉勇治（御船町立御船中学校・熊本県）
星野和夫（大分マリーンパレス水族館）
星野一三雄（鵬翔高等学校・宮崎県）
前田原市（高知県）
増田修（姫路市立水族館）
増永元（琉球大学大学院理工学研究科）
松井正隆（京都府）
松尾公則（長崎県立西彼農業高等学校）
松本千枝子（西表野生生物保護センター）
松本貢（西表島）
三谷伸也（鳥羽水族館）
湊和雄（写真家・沖縄県）
宮崎光二（金沢市）
村田行（西表島）
矢島秀一（石垣島）
矢野維幾（西表島）
八尋克郎（滋賀県立琵琶湖博物館）
山崎幸一（久米島ウミガメ館）
与古田悦子（沖縄県）
和田剛一（写真家・高知県）
渡辺昌和（京華中学高等学校）

アトラス
奄美観光ハブセンター
西表島野生生物保護センター
魚津水族館
大杉谷自然学校
沖縄県衛生環境研究所ハブ研究室
沖縄県教育庁文化課
沖縄県立博物館
沖縄こどもの国爬虫類園
笠岡市カブトガニ保護センター
久米島ウミガメ館
久米島ホタル館
グリフォン
サイエンス・ファクトリー
さいたま水族館
サーペンタリウム
すさみ町立エビとカニの水族館
ディジー・ポイント
田辺市教育委員会
田辺市ふるさと自然公園センター
鳥羽水族館
日本サンショウウオセンター
ノアすさみ
爬虫類倶楽部
ピーシーズ
ビブロス
姫路市立水族館
広島市安佐動物公園
ペポニ
瑞穂ハンザケ自然館
南知多ビーチランド
レップ・ジャパン

---

**機材リスト**

【カメラ&レンズ】
ハッセルブラッド 500C/M
ハッセルブラッド 553ELX
マクロ・プラナーCF 120mm F4
プラナーCF 80mm F2.8
ディスタゴン CF 30mm F3.5
JUNON オリジナル・水中ハウジング

ペンタックス 6×7 II
SMC ペンタックス 67 マクロ 100mm F4
SMC ペンタックス 67 ズーム 55mm〜100mm F4.5

マミヤ RB67 プロフェッショナル S
マミヤ・セコール マクロ C 140mm F4.5
マミヤ・セコール C 90mm F3.8

オリンパス OM-4
ズイコーマクロ 90mm F2
ズイコーMC 1:1 マクロ 80mm F4

コンタックス RTS-III
マクロ・プラナーT＊ 60mm F2.8
マクロ・プラナーT＊ 100mm F2.8
ディスタゴンT＊ 15mm F3.5
ディスタゴンT＊ 35mm F2.8

ニコノス V
UW ニッコール 20mm F2.8

ニコン F2
ニコン F4
ニコン F5
AFニッコール 24mm F2.8D
ニッコール ED 300mm F4.5

マイクロニッコール 55mm F3.5
AFマイクロニッコール 105mm F2.8D
AFマイクロニッコール 60mm F2.8D
AFズームニッコール 28mm〜85mm F3.5〜F4.5S

ペンタックス LX
A20mm F2.8
FA マクロ 50mm F2.8
JUNON オリジナル・水中ハウジング

【フィルム】
コダクローム PKR 135
フジクローム RFP 135, 120
フジクローム Velvia RVP 135, 120
フジクローム Provia RDP 135, 120
フジクローム Provia RDP III 135, 120

---

**装幀・デザイン** 近藤 誠　　**編集** 大石範子

## 著者紹介

**内山りゅう** Ryu Uchiyama
1962年、東京都生まれ。東海大学海洋学部水産学科卒業。写真家。日本産淡水魚をはじめ両生類・爬虫類など水に関わる生物の生態研究とその撮影をライフワークとしている。1999年、東京から和歌山県白浜町に移り住む。主な著書に『カラー名鑑 日本の淡水魚』『フィールドブックス淡水魚』(ともに共著、山と溪谷社)、『カラー図鑑 爬虫類』(写真、成美堂出版)、『爬虫類クラブ』(写真、誠文堂新光社)、『マルチメディア図鑑 両生・爬虫類CD-ROM』(写真、学習研究社)、写真集『アユ 日本の美しい魚』『美顔礼讃』『水の名前』(平凡社)、『REPTILES & AMPHIBIANS』(サンフランシスコ・クロニクル社)、『爬虫類・両生類800種図鑑』『爬虫類・両生類200種図鑑』(ともに共著、ピーシーズ) 他多数。

**沼田研児** Kenji Numata
1953年、茨城県生まれ。埼玉県在住。自然派カメラマンとして両生・爬虫類を中心に全国でフィールド撮影を続ける。特に小型種のサンショウウオの写真では第一人者。1985年「ホクリクサンショウウオの産卵行動」で準アニマ賞を受賞(平凡社主催)。85年、96年には東京・新宿ニコンサロンで小型サンショウウオの写真展を開く。動物図鑑、教育図書、雑誌等のほか、各地の自然博物館等にも写真を提供。日本自然科学写真協会(SSP)、日本写真協会(PSJ)会員。

**前田憲男** Norio Maeda
1947年、高知県生まれ。東京写真大学(現・東京工芸大学)工学部印刷工学科卒業。特にカエルの写真を中心に精力的にフィールド写真を撮り続ける。「カエル本州編」「カエル展」「蛙景色」「カエルの詩」などのテーマで日本各地で写真展を開く。またオーストラリア、スイスなどで日本の両生類・爬虫類を紹介する写真展を開催。主な著書に『日本カエル図鑑』(共著、文一総合出版)、山溪CDブックス『声の図鑑 蛙の合唱』(共著、山と溪谷社)、『爬虫類・両生類800種図鑑』(共著、ピーシーズ)、写真集『蛙夜景』(文一総合出版)、『ヤマケイポケットガイド日本野生動物』(共著、山と溪谷社) 他多数。

**関慎太郎** Shintaro Seki
1972年、兵庫県神戸市生まれ。大阪の専門学校を卒業後、宮津エネルギー研究所水族館(琵琶湖博物館水族飼育員)に勤務する。子供のころから淡水魚など水辺の生物に興味をもち、生物写真の魅力に目覚める。その後、撮影技術を学び、現在は自宅のある琵琶湖畔を中心に身近な両生類・爬虫類の生態撮影を主なテーマとする。図鑑、雑誌等にも写真や文章を発表。将来的には日本産両生類・爬虫類全種の生態写真を撮ることを目標に精力的に活動している。

決定版 **日本の両生爬虫類**
**A Photographic Guide ; Amphibians and Reptiles In Japan**

**発行日** 2002年9月20日 初版第1刷
2016年12月25日 初版第7刷
**著者** 内山りゅう・前田憲男・沼田研児・関慎太郎
**発行者** 西田裕一
**発行所** 株式会社 平凡社
〒101-0051 東京都千代田区神田神保町3-29
電話 03(3230)6583[編集] 03(3230)6573[営業]
ホームページ http://www.heibonsha.co.jp/
振替 00180-0-29639
**製版・印刷** 株式会社プロスト
**製本** 大口製本印刷株式会社


ISBN978-4-582-54232-5 NDC分類番号487 A5変型判(20.2cm) 総ページ336